DENTRO:

CUORE, MENTE E ANIMA DEGLI ANIMALI

Come comprendere facilmente e velocemente la **mente e i sentimenti degli animali** e i **legami emotivi interspecie** attraverso l'analisi di **studi di etologia cognitiva** e allo studio della **psicologia delle emozioni animali**

PRIYA ROSEMARY TOSETTI

DEDICA

Ai miei amati bambini,

Questo libro è più di una semplice raccolta di pagine e parole: è un simbolo del nostro nuovo inizio. Quando giro ogni pagina, la vedo come un riflesso dei passi che abbiamo fatto insieme, del viaggio che abbiamo intrapreso, non solo come famiglia che si rimodella, ma anche come individui che crescono e trovano le proprie strade.

Sulla scia dei nostri recenti cambiamenti, questo libro è stato il mio compagno nelle notti insonni e il mio conforto nei momenti di dubbio. Attraverso le lezioni che si intrecciano nei suoi capitoli, ho ritrovato la mia forza e la mia speranza, che desidero condividere con voi.

Ricordate, miei cari, che la vita, proprio come le storie di questo libro, è una narrazione in continua evoluzione. Con ogni sfida che affrontiamo e ogni ostacolo che superiamo, scriviamo la nostra storia di resilienza e rinascita.

Dedico questo libro a voi, come testimonianza del nostro coraggio, del nostro amore e del nostro spirito inflessibile. Che vi ricordi che, anche se possiamo inciampare, ci rialziamo sempre, più forti, più saggi e insieme.

Che questo libro possa essere per voi una luce guida come lo è stato per me, illuminando la strada verso nuove avventure e nuovi inizi. Rappresenta la prima di molte sfide che abbiamo superato e porta con sé la promessa di molte vittorie a venire.

Con tutto l'amore del mio cuore,
Mamma

CONTENUTI AGGIUNTIVI

Per migliorare ulteriormente la vostra esperienza di lettura e farvi sentire parte di una comunità che condivide la passione per la comprensione del mondo animale, abbiamo curato delle risorse esclusive solo per voi. Inviate un'e-mail all'indirizzo sottostante per accedere a contenuti aggiuntivi che vi permetteranno di approfondire le vostre conoscenze e di entrare in contatto con gli altri lettori.

Unisciti a noi in questo viaggio di scoperta: esplora e diventa un membro attivo della nostra comunità in crescita!

p.r.tosetti.books@gmail.com

"Sfatiamo 10+1 miti sugli animali"

Seguitemi su:
FB: Priya Rosemary Tosetti
Instagram: books_priya_rosemary_tosetti

CONTENUTI

INTRODUZIONE

Presentazione del libro

Premesse

Presentazione del libro

Benvenuti in un viaggio che vi porterà oltre i confini dell'umanità, in un mondo di emozioni e pensieri che, sebbene diversi dai nostri, sono altrettanto complessi e vibranti. Questo libro è un invito a esplorare, a scoprire e a capire. È un ponte che collega noi umani al resto del regno animale, un tentativo di superare il divario che ci separa dalle altre creature che condividono con noi questo pianeta. Le emozioni sono parte integrante della nostra esperienza umana. Ci definiscono, ci guidano, ci uniscono. Ma non siamo i soli a provare emozioni. Anche gli animali, dai più grandi ai più piccoli, dai più familiari ai più esotici, sperimentano un ricco universo emotivo. Amore, gioia, paura, rabbia, tristezza... queste non sono esperienze esclusivamente umane, ma sono condivise tra tutte le forme di vita senziente. In questo libro, ci avventureremo nel cuore della psiche animale. Esploreremo le loro emozioni, i loro pensieri, le loro esperienze. Non con l'intento di antropomorfizzare, ma con il desiderio di comprendere. Perché, come scopriremo, gli animali non sono solo creature guidate da istinti meccanici. Sono individui capaci di provare gioia e tristezza, amore e rabbia, sorpresa e disgusto. Sanno cosa significa affrontare la paura, lottare contro l'ingiustizia e, sì, anche provare odio. Questo non è solo un viaggio di scoperta, ma anche un viaggio di rivelazione. L'obiettivo di questo libro è rivelare la complessità emotiva e cognitiva degli animali. Vogliamo sfidare le convenzioni, sfondare le barriere tra le specie, e riconoscere che gli animali, come noi, sentono, pensano, amano, temono e sognano. Rivelando la profondità delle loro emozioni e l'acutezza delle loro menti, speriamo di estendere il nostro senso di empatia e comprensione a tutti gli esseri senzienti. Ma questa è anche un'opportunità di riflessione. Riflettere su come trattiamo gli animali, su come li vediamo, su come li capiamo. Questa esplorazione del mondo emotivo e cognitivo degli animali ci offre la possibilità di guardare oltre i pregiudizi e i preconcetti, di riconoscere il valore intrinseco di ogni essere vivente. In conclusione, questo libro è un appello all'empatia, alla comprensione, al rispetto. È un invito a riconoscere che non siamo soli nel nostro mondo emotivo, ma che condividiamo questo universo con un'infinità di altre creature. E forse, se riusciremo a vedere il mondo attraverso i loro occhi, potremo costruire un futuro in cui ogni essere senziente è riconosciuto e rispettato per ciò che è: un individuo unico, prezioso e irripetibile. In questo modo, non solo arricchiremo la nostra comprensione del mondo naturale, ma si aprirà anche la strada a un futuro più rispettoso e compassionevole. Un futuro in cui ogni essere senziente è riconosciuto per il valore intrinseco che possiede, indipendentemente dalla specie a cui appartiene.

Mentre vi accingete a immergervi nelle pagine che seguono, vi invito a tenere presente l'importanza del vostro parere. Il vostro feedback è più di un semplice commento; è una potente forma di sostegno che aiuta a dare vita al dialogo tra noi. Grazie per aver scelto di dedicare il vostro tempo a queste parole, e spero che, alla fine, vi sentirete ispirati a lasciare il vostro segno.

Premesse

Nel profondo viaggio alla scoperta del mondo animale che stiamo per intraprendere insieme, è fondamentale ricordare che le panoramica che ci apprestiamo a dipingere è tratta da un mosaico di ricerche scientifiche, testimonianze e osservazioni attentamente selezionate. Tuttavia, come accade con ogni opera che tenta di sintetizzare la complessità della natura, ciò che troviamo su queste pagine non può catturare completamente l'essenza illimitata delle emozioni animali. Gli animali, proprio come noi, sono individui distinti, ognuno con una propria personalità, una storia unica, e quindi con emozioni che possono variare in modi che ancora stentiamo a comprendere appieno.

La scienza, in tutta la sua gloria e limitazione, è un'entità in costante evoluzione. Ciò che oggi viene presentato come una scoperta rivoluzionaria oggi, potrebbe essere rivisto o perfino confutato domani. Pertanto, le affermazioni contenute in questo libro sono momentanee, rappresentano il meglio della nostra conoscenza fino a questo punto storico e sono soggette a cambiamento con il progredire della ricerca e della comprensione umana.

Il libro che avete tra le mani è stato concepito come un ponte tra il mondo umano e quello animale ed è organizzato in tre sezioni distinte, ognuna delle quali si addentra in un diverso aspetto della vita degli animali che affiancano la nostra esistenza.

La prima sezione, "Cuore", è un'esplorazione delle emozioni nel mondo animale. Qui, tentiamo di illuminare il sentimento che pulsa sotto piume, pellicce e scaglie — l'amore materno, la paura, il dolore, la gioia e persino il senso di lutto che può sorprendentemente risuonare con le corde delle nostre proprie esperienze emotive. Questa sezione cerca di sfidare la nostra percezione tradizionale, invitandoci a vedere gli animali non come creature guidate solo da istinti, ma come esseri capaci di ricche e complesse esperienze emotive.

Nella seconda sezione, "Mente", ci spostiamo dalla sfera emotiva a quella cognitiva, esaminando le capacità mentali degli animali. Discuteremo delle stupefacenti facoltà di orientamento di alcune specie, della loro sorprendente capacità di utilizzare strumenti, e di altre manifestazioni di intelligenza che sfidano la nostra comprensione tradizionale di cosa significhi essere "animale".

La terza e ultima sezione, "Anima", ci porta più in profondità, in un territorio che molti potrebbero considerare quasi spirituale. Parleremo di concezioni come la sacralità nella vita animale, esplorando come la nostra connessione con gli altri esseri viventi possa arricchire e forse persino elevare la nostra comprensione di noi stessi e del nostro posto nell'universo.

Infine, ma non meno importante, al termine del libro troverete esercizi pratici. Questi sono il vero cuore del libro, progettati per aiutarvi a riconoscere le emozioni e le capacità discusse nel libro nei vostri animali domestici. Questi esercizi non sono solo attività; sono inviti all'osservazione, alla riflessione e alla connessione.

Questo libro non ambisce a essere una guida scientifica esauriente, ma piuttosto uno strumento per toccare con mano — e con cuore — le capacità degli animali con cui condividiamo il nostro mondo. Possa servire come un passo verso una maggiore empatia, consapevolezza e, in definitiva, un rispetto più profondo per la vita sotto tutte le sue meravigliose forme.

2 IL CUORE

Espressione dei sentimenti degli animali

Emozioni Positive: Tessiture di Felicità, Amore, Gioia
e l'incanto della Sorpresa

Emozioni Negative: Un arcano mosaico di Rabbia,
Tristezza, Paura, Disgusto e Odio

Emozioni Sociali: Il teatro umano di Imbarazzo, Invidia,
Gelosia, Empatia e Altruismo

Emozioni di Autoconsapevolezza: Le dinamiche della
Vergogna e dell'Orgoglio

Emozioni Miste: Un ballo tra Ansia e Senso di Colpa nel
regno animale

Emozioni Neutre: La stasi della Noia

Espressione dei sentimenti degli animali

L'universo delle emozioni è un intricato labirinto di sfumature, un'opera d'arte astratta che sfugge a ogni tentativo di catalogazione semplicistica. Le emozioni, sia quelle che ci fanno sorridere sotto il sole che quelle che ci fanno tremare al buio, sono complesse e sfuggenti, ma al contempo affascinanti. Per navigare in questo mare tempestoso, è tuttavia utile suddividere le emozioni in macro-gruppi. Questa operazione non intende ridurre la complessità delle emozioni, ma piuttosto offrire un punto di partenza per approfondire la nostra comprensione di queste esperienze universali.

L'analisi delle emozioni umane sarà utilizzata come punto di partenza per scoprire insieme se, proprio come noi, anche gli animali provano una gamma di emozioni che, sebbene possano sembrare diverse dalle nostre, sono forse più simili di quanto pensiamo. Vedremo la felicità di un cane che agita la coda, l'amore di una madre elefante per il suo piccolo, la paura di un coniglio di fronte al pericolo, l'odio di un gatto verso un intruso. Forse, esaminando da vicino le emozioni animali, scopriremo che non siamo così diversi da loro. E forse, imparando a comprendere meglio il mondo animale, riusciremo a comprendere meglio anche noi stessi. E chissà, forse scopriremo che, in fondo, siamo tutti abitanti dello stesso, vasto mondo emotivo.

Emozioni Positive: Felicità, Amore, Gioia e Sorpresa

Le emozioni positive, come la felicità, l'amore, la gioia e la sorpresa, svolgono un ruolo cruciale nel complesso mosaico dell'esperienza umana. La felicità, un'emozione tanto fugace quanto fervida, è un sentimento di appagamento che ci pervade come un delicato calore estivo. È la risposta dell'anima alle piccole soddisfazioni della vita, un sorriso spontaneo su un volto o la gratitudine per un momento di quiete. L'amore è invece il cuore dell'emozione umana, un legame affettivo che ci unisce agli altri e al mondo intero. È un calore che avvolge e conforta, un vincolo che ci trascina verso l'altro in un abbraccio che va oltre il corpo fisico. La gioia, invece, è un'esplosione di energia e divertimento, un fuoco d'artificio che illumina l'oscurità con la sua luce vivace. Infine, la sorpresa è il chiarore improvviso che taglia il buio, la scintilla che fa scattare l'ispirazione. È l'emozione che ci tiene in allerta, pronti a scoprire e ad imparare, a confrontarci con l'inaspettato e a adattarci. Queste emozioni, in tutte le loro sfumature, sono fondamentali per la nostra sopravvivenza come esseri umani. Sono i colori con cui dipingiamo il quadro della nostra vita, le note con cui componiamo la nostra sinfonia personale. E qual è la bellezza di tutto ciò? Che siamo tutti artisti nel nostro piccolo, capaci di creare un'opera unica e irripetibile: la nostra esistenza.

Emozioni negative: Rabbia, Tristezza, Paura, Disgusto e Odio

Le emozioni negative, sebbene siano spesso viste come ostacoli sulla strada della felicità, sono altrettanto essenziali per la nostra esperienza umana. La rabbia, la tristezza, la paura, il disgusto e l'odio, pur essendo sentimenti scomodi, ci offrono preziose intuizioni sulla nostra condizione. La rabbia è un fuoco che brucia in noi in risposta a una percezione di ingiustizia o minaccia. È un campanello d'allarme, un grido di protesta che ci spinge a lottare. Segue la tristezza, un velo di grigio che ci avvolge in presenza di una perdita o di un'insoddisfazione. È un'emozione che ci fa sentire vulnerabili, ma che al contempo ci ricorda la nostra umanità. La tristezza è un fiume che, se attraversato, può portarci alla riva dell'accettazione e della comprensione. C'è poi la paura, un faro che illumina i pericoli che ci circondano; è un istinto di sopravvivenza, un avvertimento che ci prepara a combattere o a fuggire. Il disgusto è una reazione viscerale a ciò che troviamo sgradevole o repellente. È un sistema di difesa, un guardiano che ci protegge da ciò che potrebbe nuocerci. Infine, troviamo l'odio. Un sentimento duro e tagliente come un diamante, una tempesta che può travolgere tutto al suo passaggio. L'odio può essere distruttivo, ma può anche essere il segnale di un profondo disagio, un invito a cercare la radice del problema e a lavorare per risolverlo. Queste emozioni, per quanto possano sembrare negative, sono fondamentali per la nostra crescita e sviluppo. Ci mostrano ciò che ci disturba, ciò che dobbiamo cambiare, ciò che dobbiamo affrontare. In questo senso, non sono nemici da cui fuggire, ma compagni di viaggio, guide che ci aiutano a navigare nel labirinto della vita.

Emozioni Sociali: Imbarazzo, Invidia, Gelosia, Empatia e Altruismo

Le emozioni sociali, come suggerisce il nome, sono quelle emozioni che emergono nel contesto delle nostre interazioni con gli altri. Sono spesso complesse, sfumate e profondamente intrecciate con i nostri desideri, le nostre aspettative e i nostri valori. L'imbarazzo è una di quelle emozioni che tutti noi conosciamo fin troppo bene. È un rossore che si diffonde sul volto, un'incertezza che ci paralizza, un desiderio di scomparire nel nulla. È la consapevolezza di aver commesso un errore, di aver infranto una norma sociale, e la paura del giudizio altrui che ne consegue. L'invidia è un'emozione complessa, un misto di desiderio e risentimento. È la volontà di avere ciò che non abbiamo, e a volte, una rabbia sottile per il fatto che qualcun altro lo possiede. La gelosia, come l'invidia, è un'emozione potente e spesso dolorosa. Ma mentre l'invidia riguarda ciò che non abbiamo, la gelosia riguarda la paura di perdere ciò che abbiamo. È un timore tormentoso che un'altra persona possa prendere il nostro posto, sottrarci l'affetto di qualcuno a cui teniamo. L'empatia è forse l'emozione sociale più potente di tutte. È la capacità di mettersi nei panni di un altro, di sentire ciò che sente, di soffrire quando soffre, di gioire quando gioisce. È un ponte emotivo che ci collega agli altri, ci permette di comprendere le loro esperienze e ci spinge ad agire in modo compassionevole. L'altruismo, infine, è l'emozione che ci spinge a fare del bene agli altri, anche a costo di un sacrificio personale. È l'emozione che ci consente di costruire comunità, di curare i feriti, di aiutare i bisognosi. Queste emozioni sociali sono il collante che ci tiene uniti, le corde che suonano la melodia della nostra interazione sociale. E forse, se impareremo ad ascoltare attentamente, scopriremo che non sono solo gli umani a provare queste emozioni.

Emozioni di Autoconsapevolezza: Vergogna e Orgoglio

La vergogna e l'orgoglio sono emozioni di autoconsapevolezza che ci fanno riflettere sul nostro posto nel mondo sociale. La vergogna è cruda e dolorosa, un senso di imperfezione che ci costringe a nasconderci. Emerge quando sentiamo di aver fallito agli occhi degli altri. L'orgoglio, al contrario, è un'emozione elevante. È la soddisfazione per un compito ben fatto, un traguardo raggiunto, un riconoscimento guadagnato. Mentre la vergogna ci induce a voler sparire, l'orgoglio ci fa sentire grandi, importanti, degni di rispetto e ammirazione. Entrambe, in misura equilibrata, sono essenziali per la nostra crescita personale.

Emozioni Miste: Ansia e Senso di Colpa

L'ansia e il senso di colpa sono emozioni miste che coinvolgono sia l'autopercezione che l'interazione sociale. L'ansia è un senso di apprensione, un timore vago che qualcosa di negativo possa accadere. È l'incertezza che ci tiene svegli la notte, l'inquietudine che ci fa saltare al minimo rumore. È una preoccupazione costante per il futuro, un'attesa per una minaccia indefinita. Il senso di colpa, invece, è una reazione alla percezione di aver fatto qualcosa di sbagliato. È la consapevolezza di aver infranto una norma morale o sociale, il rimorso per un atto che abbiamo commesso. È un sentimento di debito, un bisogno di fare ammenda e di riparare il danno causato.

Emozioni Neutre: La Noia

La noia è un'emozione neutra caratterizzata da un sentimento di insoddisfazione derivante dalla mancanza di stimoli o interessi. È uno stato di apatia e vuoto, un'attesa interminabile, un desiderio inappagato di qualcosa di più coinvolgente o gratificante. Ma, nonostante la sua neutralità, può spingerci alla ricerca di nuove esperienze.

Prima di procedere con l'analisi di come ciascuna delle emozioni sopra descritte si manifesti nel regno degli animali, è imperativo che ci soffermiamo su un ultimo concetto fondamentale, un filo dorato che intreccia la trama della vita: le connessioni emotive tra individui della stessa specie, un intricato balletto di dinamiche sociali che costituisce il cuore pulsante dell'esistenza animale. Questi legami, manifestandosi in vari modi, possono avere un impatto notevole sul benessere degli animali e sulla dinamica del gruppo. Cominciamo a comprendere quanto sia intricato e affascinante questo fenomeno! Nelle specie sociali, la comunicazione è l'elemento vitale che coordina le attività del gruppo, come l'acquisizione di cibo e la difesa, inoltre mantiene la coesione del gruppo[3]. Non è un concetto estraneo a noi, vero? Basti pensare alla nostra convivenza con cani e gatti, basata su una comunicazione non verbale[5]. Questa comunicazione può avvenire attraverso vari segnali: il contatto visivo, i suoni, i gesti e le espressioni facciali. Potrebbe sembrare sorprendente, ma questi segnali possono aiutare a rafforzare i legami tra gli individui e a promuovere la cooperazione all'interno del gruppo. Ma c'è di più. L'empatia, quell'emozione così profondamente umana, può essere riscontrata anche negli animali. Ad esempio, i ratti hanno dimostrato di provare empatia verso i loro compagni di specie[2]. Provate a immaginare un ratto che interrompe la sua attività di premere una leva per ottenere cibo quando vede un altro ratto ricevere una scarica da un pavimento di gabbia elettrificato. Sorprendente, non è vero? Questo suggerisce che i ratti possono comprendere e condividere le emozioni dei loro compagni di specie. Inoltre, gli animali possono anche fornire un sostegno emotivo significativo ai membri delle altre specie. Durante il lockdown del Covid-19, molti proprietari di animali domestici hanno percepito i loro animali come una fonte di sostegno emotivo significativo[4]. Questo ci dimostra che gli animali possono riconoscere e rispondere alle emozioni dei loro compagni, fornendo conforto e sostegno durante i periodi di stress. Non è affascinante vedere come le emozioni e le connessioni che noi umani spesso consideriamo uniche per la nostra specie siano in realtà condivise da molti animali? Queste scoperte ci avvicinano a una comprensione più profonda e rispettosa del mondo animale[1].

Emozioni Positive: Tessiture di Felicità, Amore, Gioia e l'incanto della Sorpresa

Ogni giorno ci svegliamo ed esploriamo il mondo attraverso un caleidoscopio di emozioni. Felicità, amore, gioia e sorpresa! Queste sensazioni, tanto familiari a noi, definiscono la nostra esperienza umana. Ma, caro lettore, ti sei mai fermato a riflettere su quanto queste stesse emozioni siano universali? Gli animali, come noi, provano una gamma estremamente varia di emozioni positive. Sì, hai capito bene, proprio come noi.

Queste emozioni possono essere manifestate attraverso vari comportamenti, come il gioco, l'affetto fisico, e la reazione a nuovi stimoli. Il riconoscimento di queste emozioni positive negli animali può migliorare la nostra comprensione del loro benessere e potrebbe influenzare positivamente la nostra interazione e la cura per loro. Inoltre, può aiutarci a comprendere meglio la complessità e la ricchezza del mondo emotivo animale, che sembra essere più simile al nostro di quanto avremmo mai immaginato.

La felicità, come sappiamo, è una delle emozioni più evidenti negli animali. La vediamo espressa in un linguaggio universale, una lingua che supera le barriere delle parole e delle specie e che si manifesta in modi sorprendentemente simili tra specie diverse. Prendiamo, ad esempio, il nostro amico a quattro zampe, il cane. Immaginiamo una scena quotidiana: è un giorno qualsiasi e tu, dopo una lunga e faticosa giornata fuori, sei appena tornato a casa. Non appena apri la porta, il tuo cane corre verso di te, la coda scodinzolante in un turbinio di entusiasmo incontenibile. Salta con allegria, corre attorno a te in cerchi, emette quei suoni familiari che ti fanno sentire a casa, amato e benvenuto. Quella che stai vedendo in quel momento è la felicità in tutto il suo splendore. Questi comportamenti che osservi, così pieni di energia e di gioia, sono manifestazioni tangibili e inequivocabili di felicità nel mondo animale[6].

Ma non è solo la felicità che gli animali sono in grado di esprimere. Cosa dire dell'amore? Quella forza potente e invisibile che lega le creature viventi insieme, che crea legami profondi e duraturi tra individui, specie e razze. Anche qui, gli animali ci mostrano che non siamo i soli a provare questo profondo sentimento. I cani, ad esempio, mostrano affetto verso i loro proprietari in molti modi: leccano con affetto le mani o il viso dei loro umani, si accucciano vicino a loro cercando calore e comfort, mostrano eccitazione al loro ritorno come se ogni separazione fosse stata troppo lunga. Ma l'amore non è solo una questione di cani e persone. I pinguini, per esempio, formano coppie monogame e si prendono cura insieme dei loro piccoli. In alcune colonie di pinguini, gli individui stanno insieme per tutta la vita, collaborando per la costruzione del nido e la cura dei piccoli. Questi comportamenti riflettono una sorta di fedeltà e dedizione tra i partner[2]. Allo stesso modo, le balene beluga mostrano comportamenti affettuosi nei confronti dei loro piccoli, spesso nuotando vicino a loro e toccandoli con le loro pinne[7]. Questi comportamenti possono essere interpretati come segni di amore e affetto, simili a come gli umani mostrano affetto attraverso il tocco fisico.

E poi c'è la gioia, un'emozione così vivida e contagiosa, che è espressa dagli animali in modi sorprendenti. Hai mai visto un cane correre in un parco, saltare e giocare con altri cani o con i suoi proprietari? C'è qualcosa di così autenticamente gioioso in questo semplice atto di gioco, in questa spontaneità che sembra emanare da ogni movimento[5]. E non solo nei cani! Prendiamo il caso dei delfini: questi mammiferi marini sono noti per le loro acrobazie aeree, i loro salti spettacolari fuori dall'acqua. Questi comportamenti, oltre ad avere una funzione pratica (come disorientare le prede o rimuovere i parassiti), sembrano essere anche un segno di allegria e gioco rappresentando la gioia in tutto il suo splendore[8].

E cosa dire della sorpresa? La sorpresa è un'altra emozione che sembra essere condivisa tra le specie. Anche se questa è un'area di ricerca relativamente inesplorata, sembra essere una componente del mondo emotivo animale. Gli animali rispondono a nuovi stimoli o cambiamenti nel loro ambiente in modi che sembrano indicare sorpresa o curiosità. Un corvo che trova un nuovo oggetto potrebbe esaminarlo attentamente, girarlo da un lato all'altro, picchiettarlo con il becco, un comportamento che potrebbe essere interpretato come una forma di sorpresa o meraviglia[4]. Contrariamente al cliché popolare che i cani e i gatti sono nemici naturali, esistono numerosi esempi di cani e gatti che vivono insieme in armonia. Dormono insieme, si leccano a vicenda, giocano insieme. È come se, una volta superate le differenze di specie, scoprissero un terreno comune nel linguaggio dell'affetto e dell'amore[1]. E poi c'è la storia di un elefante di nome Tarra e un cane di nome Bella.

Nella selvaggia vastità del Tennessee, c'è un luogo chiamato Elephant Sanctuary, un paradiso terrestre pensato per quei giganti gentili che hanno trascorso troppo tempo lontano dalla loro naturale grandezza, magari rinchiusi in uno zoo o in un circo. Tra le sue residenti c'era un elefante di nome Tarra, un gigante dal cuore tenero che aveva trovato in questo rifugio una seconda casa. Nel 2002, un piccolo cane di nome Bella arrivò al santuario. Non era previsto che Bella diventasse un residente permanente del santuario, ma la piccola cagnolina aveva altri piani. Bella iniziò a esplorare il vasto territorio, e durante una delle sue avventure, incrociò il cammino di Tarra. Nonostante la grande differenza di dimensioni e specie, Tarra e Bella iniziarono a trascorrere del tempo insieme. Bella seguiva Tarra ovunque andasse, e Tarra, a sua volta, sembrava affezionarsi molto a questa piccola compagna canina. Presto, le due divennero inseparabili. Passavano insieme giornate intere, esplorando, giocando, e quando calava la notte, dormivano una accanto all'altra. Il legame tra loro si rivelò indistruttibile persino quando Bella si ammalò. Mentre la piccola cagnolina combatteva la sua battaglia nella clinica, Tarra rimase nei pressi dell'edificio, in una vigilanza silenziosa e ininterrotta. Quando Bella finalmente tornò, Tarra accolse la sua piccola amica con un visibile senso di sollievo. La storia di Tarra e Bella è un racconto che sfida le convenzioni e confonde le linee tra le specie, ci fa riflettere. Un elefante e un cane, due creature così diverse, eppure così profondamente legate. Non una storia di sopravvivenza, ma una storia di inaspettata amicizia, un racconto che ci ricorda che nelle pieghe del mondo naturale possono nascere legami sorprendenti e che alcuni sentimenti che riteniamo esclusivamente umani sono in realtà sentimenti comuni al mondo animale[3]. È un'immagine potente, non è vero?

E infine, anche se non l'abbiamo mai citata in precedenza, c'è l'emozione della speranza. Può sembrare strano attribuire un'emozione così complessa agli animali, ma ci sono esempi convincenti che suggeriscono che anche loro possono sperimentare questa emozione. Un esempio è il comportamento di alcuni animali in condizioni di avversità, come gli uccelli che continuano a costruire nidi anche se le loro uova vengono rubate, o i cani che aspettano pazientemente il ritorno dei loro proprietari, anche se sono stati lasciati soli per lungo tempo[1]. Così, mentre continuiamo la nostra esplorazione del mondo animale e del suo vibrante spettro di emozioni, è importante ricordare che non siamo soli nel nostro viaggio emotivo. Gli animali, i nostri compagni di viaggio sulla Terra, condividono con noi molte delle stesse esperienze emotive. Essi vivono, amano, si divertono, si sorprendono e forse sperano proprio come noi. Non sottovalutiamo, dunque, l'importanza di queste scoperte. Capire che gli animali esprimono emozioni positive non solo ci avvicina a loro, ma ci permette anche di vedere il mondo da una prospettiva più ampia e profonda. Ricordiamo, quindi, di guardare con occhi nuovi e curiosi i nostri compagni animali. Osserviamo le loro espressioni di felicità, il loro affetto, la loro gioia e la loro sorpresa. Questi momenti possono essere un ponte, un legame che ci unisce a loro. E attraverso questo legame, possiamo imparare a rispettarli e ad amarli di più, a capire meglio le loro esigenze e a garantire loro una vita più sana e felice.

Emozioni Negative: Un arcano mosaico di Rabbia, Tristezza, Paura, Disgusto e Odio

Immergiamoci adesso nel complesso universo delle emozioni negative. Rabbia, tristezza, paura e disgusto non rappresentano semplici manifestazioni di disagio, ma costituiscono risposte evolutive essenziali per la sopravvivenza e l'adattamento. Innescate da percezioni di minaccia, perdita o frustrazione, queste emozioni svolgono un ruolo cruciale nel modellare il comportamento degli animali.

La rabbia è quella feroce fiamma che arde quando il territorio è minacciato, quando la competizione per le risorse si fa accesa o quando i conflitti sociali si intensificano. Prendiamo ad esempio i lupi, creature altamente territoriali. Quando un lupo percepisce un invasore nel suo territorio, la sua rabbia può scatenarsi in un grugnito minaccioso o in un attacco frontale. In un contesto più inaspettato, i gechi audaci, noti per la loro territorialità, possono sibilare e mostrare un comportamento aggressivo quando si sentono minacciati nel loro territorio. E non illudiamoci che sia solo dominio degli animali "selvaggi". Anche tra i ratti, creature che molti potrebbero sminuire come meno "nobili", è stato osservato un comportamento analogo. Sì, hai letto bene: anche i ratti possono provare rabbia. In particolare, nei ratti selvatici (Rattus norvegicus) è stata osservata una struttura sociale complessa e comportamenti territoriali ben definiti. Nei ratti, il territorio è normalmente un'area circostante il nido, che viene difesa aggressivamente contro gli intrusi. Questo territorio comprende non solo l'area del nido, ma anche le rotte di cibo e le aree di foraggiamento circostanti. Il comportamento territoriale varia notevolmente a seconda del sesso dell'individuo. Un esempio interessante di comportamento territoriale nei ratti è stato fornito da un esperimento condotto dallo psicologo John B. Calhoun negli anni '60 e '70. In questo esperimento, noto come "Universe 25", Calhoun creò un ambiente con risorse illimitate, ma con spazio limitato. Man mano che la popolazione di ratti cresceva, gli animali iniziarono a mostrare comportamenti territoriali estremi, con maschi che si combattevano fino alla morte per il controllo del territorio.

La tristezza, invece, è un'emozione spesso associata a situazioni di perdita o separazione. Gli elefanti, creature di straordinaria intelligenza emotiva, mostrano segni di lutto quando perdono un membro del branco. Le loro manifestazioni di dolore possono essere così intense da farci interrogare sulla profondità dei loro legami sociali. È il caso di Eleanor, una matriarca di elefanti che viveva nel Parco Nazionale di Samburu, in Kenya. Nel 2003, Douglas-Hamilton e la sua squadra iniziarono a monitorare e studiare dettagliatamente la vita sociale degli elefanti di Samburu. Utilizzarono collari GPS per tracciare i movimenti degli elefanti e osservare i loro comportamenti.

Nel giugno del 2006, la squadra di Douglas-Hamilton notò che Eleanor sembrava malata. Il suo stato di salute peggiorò rapidamente e, dopo solo un giorno, Eleanor crollò al suolo. Una matriarca di un altro gruppo, di nome Grace, cercò di aiutare Eleanor a rialzarsi, spingendola con la proboscide. Tuttavia, nonostante gli sforzi di Grace, Eleanor non fu in grado di rimettersi in piedi e morì nella notte. La reazione degli altri elefanti alla morte di Eleanor fu notevole. Molti elefanti, inclusi quelli di altri gruppi, visitarono il suo corpo nei giorni successivi. Mostravano segni di stress e di lutto, toccando il corpo di Eleanor con le loro proboscidi e rimanendo in silenzio accanto a lei. Questo comportamento fu interpretato dai ricercatori come una forma di rispetto e lutto.

La storia di Eleanor ha avuto un impatto significativo sulla nostra comprensione del comportamento degli elefanti. Ha mostrato la profondità delle loro relazioni sociali e la complessità dei loro comportamenti in risposta alla perdita. Questa storia evidenzia inoltre la capacità degli elefanti di provare emozioni profonde, simili a quelle degli umani, compresa la tristezza per la perdita di un membro del gruppo. E non sono solo gli elefanti. Anche i cani, i nostri fedeli compagni di vita, possono sperimentare una profonda tristezza quando vengono separati dai loro proprietari. Questa tristezza può manifestarsi attraverso comportamenti come l'apatia, il ritiro sociale o la perdita di appetito[6].

La paura è un'emozione universale che pervade il regno animale. Può essere innescata da una moltitudine di fattori, tra cui la presenza di predatori, rumori improvvisi o situazioni sconosciute. Per esempio, il coniglio europeo quando percepisce una minaccia, resta immobile e si mimetizza con l'ambiente circostante. Ma la paura non si limita a situazioni di pericolo immediato. Può essere innescata anche da stimoli meno ovvi, come l'introduzione di nuovi oggetti o ambienti. Un po' come noi umani, che possiamo avere paura del buio, del futuro o dell'ignoto[1].

Di seguito affrontiamo il disgusto, un'emozione spesso associata a stimoli che rappresentano una minaccia per la salute o la sicurezza, come il cibo avariato o gli escrementi. Questo può manifestarsi attraverso comportamenti di evitamento, vomito o segni di nausea. Ad esempio, i macachi rhesus, questi animali sono onnivori e la loro dieta può includere frutta, foglie, insetti, piccoli animali e radici. Tuttavia, sono noti per la loro selettività alimentare. In particolare, sono stati osservati comportamenti di disgusto in risposta a determinati stimoli alimentari. Questo può manifestarsi attraverso comportamenti di evitamento, vomito o segni di nausea. Questo comportamento è evolutivamente vantaggioso poiché aiuta gli animali a evitare cibi che potrebbero essere dannosi o tossici. Il disgusto, quindi, funge da meccanismo di difesa che protegge l'animale dalle malattie[3].

Alla prossima emozione intendo rivolgere un focus speciale, esplorandone le sfaccettature con particolare attenzione: l'odio. Navigare nel mare tempestoso dell'odio animale è un viaggio complesso e ancora in corso, ma alcune osservazioni e ricerche ci possono guidare verso una comprensione più profonda. Innanzitutto, l'odio può celare il suo volto sotto i tratti della aggressività. Possiamo prendere l'esempio dei cani che manifestano ostilità attraverso ringhi, abbai e morsi è un altro esempio interessante. Questi comportamenti possono essere causati da una serie di motivazioni, tra cui la paura, la protezione del territorio o delle risorse, o l'istinto di caccia. Ad esempio, un cane può ringhiare o abbaiare a un altro cane o a un essere umano se si sente minacciato o se sta cercando di proteggere il suo territorio. Parlando per esempio di competizione per le risorse, i leoni maschi, ad esempio, possono entrare in conflitto per il controllo di un branco di leonesse. Questo comportamento, benché possa sembrare una manifestazione di odio, è in realtà un meccanismo di sopravvivenza che assicura la prevalenza del più adatto. La rivalità tra specie è un altro terreno fertile per l'ostilità. Questi comportamenti possono essere tessuti dalle differenze nelle abitudini sociali e di caccia tra le specie. Infine, l'ostilità negli animali è testimoniata da numerosi esempi concreti. I gabbiani reali del Nord America, per esempio, attaccano spesso altri uccelli per rubare il cibo o per difendere i loro nidi. Questo comportamento aggressivo può essere interpretato come un segno di ostilità o di "odio" nei confronti di altre specie. Un altro esempio di ostilità negli animali si trova nei gorilla di montagna. I maschi di questa specie possono impegnarsi in violenti combattimenti per il controllo di un harem di femmine. Queste lotte possono diventare estremamente violenti, con i gorilla che si feriscono a vicenda con i loro potenti artigli. Anche questo comportamento può essere interpretato come un segno di ostilità o di "odio". Decifrare l'odio negli animali è un compito complesso, poiché gli animali non possono articolare le loro emozioni come facciamo noi umani. Tuttavia, è possibile riconoscere segni di ostilità attraverso un'attenta osservazione del comportamento[5].

Ma quindi come possiamo fare per riconoscere queste emozioni? Il grande palcoscenico della vita quotidiana è sfumato da una miriade di espressioni facciali animali. Un cane con le orecchie abbassate e la pelliccia eretta non è solo un ritratto artistico; è un'espressione tangibile di paura o disagio. Pensiamo alla sinfonia dei suoni. Gli animali sono veri virtuosi nel creare suoni peculiari per comunicare le loro emozioni negative. Gli studiosi di primati non umani, quei fortunati che passano le giornate a decodificare grugniti e versi, hanno scoperto che determinati richiami vocali sono l'equivalente animale di un urlo di ansia o paura. Anche la postura può dirci molto. Un gatto che ritrae le zampe o arca il corpo non sta solo mostrando le sue abilità ginniche. Questi cambiamenti posturali sono il linguaggio corporeo di emozioni negative, messaggi cifrati inviati dal cuore dell'animale alle situazioni stressanti.

In conclusione, le emozioni negative degli animali non sono un capriccio dell'evoluzione, ma risposte complesse e affascinanti a un mondo di stimoli e situazioni.

Emozioni Sociali: Il teatro umano di Imbarazzo, Invidia, Gelosia, Empatia e Altruismo

In un'epoca in cui la nostra comprensione della vita animale si sta espandendo in modi senza precedenti, una delle aree emergenti di interesse è l'indagine delle emozioni sociali animali. Sì, avete capito bene, stiamo parlando di emozioni sociali, quelle forze invisibili ma tangibili che spingono, plasmano e arricchiscono la nostra esperienza di vita in relazione agli altri esseri viventi. In questo contesto, ci concentreremo su cinque emozioni specifiche: imbarazzo, invidia, gelosia, empatia e altruismo, cercando di capire come queste si manifestino nel regno animale. In questo contesto le emozioni sociali fungono da vero e proprio sistema di comunicazione tra le specie animali.

L'imbarazzo è un'emozione umana ben conosciuta, spesso evocata da situazioni socialmente scomode o imprevisti che mettono in imbarazzo l'individuo. È una sensazione che molti di noi vorrebbero evitare, ma che inevitabilmente fa parte del nostro tessuto emotivo. Ma gli animali provano imbarazzo? Sebbene l'imbarazzo negli animali sia un argomento poco studiato e complesso, ci sono alcuni indizi che suggeriscono che alcuni animali possono provare sentimenti simili. Jane Goodall, ad esempio, ha osservato comportamenti che potrebbero essere interpretati come espressioni di imbarazzo in primati come gli scimpanzé[3]. Jane Goodall è una delle più famose primatologhe del mondo, nota per il suo studio di lunga durata sul comportamento degli scimpanzé nel Parco Nazionale di Gombe in Tanzania. Durante la sua ricerca, Goodall ha osservato una serie di comportamenti negli scimpanzé che suggeriscono la presenza di emozioni complesse, tra cui quello che potrebbe essere interpretato come l'equivalente dell'imbarazzo umano. Nel suo libro del 1986, "The Chimpanzees of Gombe: Patterns of Behavior", Goodall descrive come gli scimpanzé mostrano comportamenti che sembrano suggerire una consapevolezza di sé stessi e degli altri. Questa consapevolezza può portare a comportamenti che sembrano indicare un senso di imbarazzo o vergogna. Per esempio, uno scimpanzé che ha fallito nel tentativo di scalare un albero o di conquistare un partner può mostrare comportamenti che sembrano mirati a minimizzare l'errore. Questo potrebbe includere una rapida deviazione del percorso, un improvviso interessarsi a qualcos'altro, o persino un tentativo di "ridere" dell'errore, un comportamento che gli scimpanzé mostrano in situazioni di gioco o di tensione sociale. Goodall ha anche osservato come gli scimpanzé possono reagire quando vengono "beccati" in comportamenti socialmente inaccettabili. Ad esempio, uno scimpanzé che viene sorpreso a rubare cibo può reagire con comportamenti che sembrano indicare imbarazzo o vergogna, come evitare il contatto visivo con gli altri scimpanzé, tentare di nascondere il cibo rubato, o allontanarsi rapidamente dalla scena. Queste osservazioni suggeriscono che gli scimpanzé, come gli umani, possono provare emozioni complesse. Questo contribuisce alla crescente evidenza che le emozioni non sono un'esclusiva degli esseri umani, ma sono condivise in vario grado da molte specie animali. Tuttavia, va sottolineato che l'interpretazione di questi comportamenti è ancora oggetto di dibattito tra gli scienziati, poiché gli animali non possono ancora comunicarci direttamente le loro esperienze emotive.

Successivamente, esaminiamo l'invidia, un'emozione complessa che può evocare sia reazioni ostili che non ostili. L'invidia negli animali è un concetto intrigante, ma anche questo è ancora agli albori della ricerca scientifica. Alcuni ricercatori hanno suggerito che l'invidia potrebbe essere presente in varie specie animali. Questo potrebbe manifestarsi come un comportamento competitivo o ostile quando un animale percepisce un altro ricevere un trattamento preferenziale o avere accesso a risorse maggiori. In un esperimento condotto da Range nel 2009, dei cani sono stati addestrati a scambiare un oggetto di poco valore (un pezzo di legno) con un ricercatore per un premio di alto valore (un pezzo di formaggio). Tuttavia, in alcuni casi, un cane osservava un altro cane ricevere un premio di alto valore mentre a loro veniva offerto un premio di valore inferiore (un pezzo di cetriolo) per lo stesso compito. I cani che ricevevano il pezzo di cetriolo mostravano segni di frustrazione, rifiutando di continuare il compito o scambiando l'oggetto con il ricercatore a un ritmo molto più lento rispetto a quelli che ricevevano il formaggio. Questo comportamento può essere interpretato come un segno di invidia o forse di senso di ingiustizia, poiché i cani sembravano scontenti del fatto che un altro individuo riceveva un premio migliore per lo stesso compito. Infatti, se veniva lasciato un solo cane durante l'esperimento egli non mostravano alcuna emozione negativa se ricevevano il cetriolo invece del formaggio.

La gelosia, un altro fenomeno emotivo complesso, richiede determinati tipi di relazioni sociali, come i conflitti triadici, per essere pienamente espressa. Sebbene tradizionalmente associata alla sessualità e alle relazioni romantiche negli umani, la gelosia può manifestarsi in una varietà di contesti sociali. La ricerca suggerisce che la gelosia potrebbe essere presente in varie specie di mammiferi. Questa potrebbe manifestarsi attraverso comportamenti aggressivi o possessivi in risposta a una minaccia percettiva alla relazione sociale o al legame con un individuo particolare. Un altro esempio interessante di possibili manifestazioni di gelosia nelle specie animali viene dai pappagalli. Questi uccelli sono noti per la loro intelligenza sociale e le loro complesse interazioni sociali, e molti proprietari di pappagalli riportano comportamenti che sembrano rivelare gelosia. Per esempio, un pappagallo potrebbe iniziare a comportarsi in modo aggressivo o ansioso quando il suo proprietario interagisce con un altro animale (o anche con un altro essere umano). Questo può includere comportamenti come pizzicare, squittire rumorosamente, o cercare di attirare l'attenzione attraverso vari comportamenti. Alcuni pappagalli possono anche cercare di interporre fisicamente sé stessi tra il loro proprietario e la "minaccia" percepita[5].

D'altra parte, l'empatia rappresenta un potente legame emotivo che può unire gli individui attraverso la condivisione del dolore e della gioia. Uno degli esempi più sorprendenti di empatia tra animali viene dai topi di prateria. Secondo Bekoff (2009), i topi di prateria hanno dimostrato di consolare i loro compagni stressati, un comportamento che sembra essere mediato dall'ossitocina, l'ormone associato all'amore e ai legami sociali. Quando un topo di prateria è stressato per esempio da un predatore, i suoi compagni possono avvicinarsi e iniziare a "coccolarlo", un comportamento che sembra calmare l'individuo stressato e rafforzare il legame tra i topi. Un altro esempio interessante proviene dal mondo degli uccelli. Gli uccelli corvidi, che includono corvi e gazze, sono noti per la loro intelligenza e le loro complesse interazioni sociali. Alcuni studi hanno osservato comportamenti che suggeriscono l'empatia in questi uccelli. Ad esempio, se un corvo viene ferito o ucciso, altri corvi possono radunarsi attorno all'individuo, emettendo richiami lamentosi. Mentre l'esatta natura di questi comportamenti non è ancora completamente compresa, potrebbero rappresentare una forma di lutto o di empatia verso il corvo ferito. Anche tra i cetacei, come i delfini e le balene, sono stati osservati comportamenti che suggeriscono empatia. Delfini e balene sono noti per assistere membri malati o feriti del loro gruppo, sostenendoli a galla per permettere loro di respirare. In alcuni casi, questi animali sono stati visti mostrare comportamenti simili anche verso esseri umani e altre specie. Altri studi hanno dimostrato che l'empatia può avere un effetto significativo sulla qualità della vita sia degli umani che degli animali[4]. Questo potrebbe manifestarsi come comportamenti di conforto o assistenza nei confronti di un individuo che ha subito un trauma o un'esperienza stressante.

Infine, esploriamo l'altruismo, un comportamento che implica agire nell'interesse degli altri a scapito del proprio benessere o vantaggio. È un comportamento che è stato osservato in una varietà di specie, dai primati ai cetacei e persino negli invertebrati. Le formiche, ad esempio, possono sacrificare la loro vita per proteggere il nido da predatori o da inondazioni. Gli operai delle api, che sono sterili, dedicano la loro vita alla raccolta del cibo e alla cura della regina e delle larve, un comportamento che beneficia l'intera colonia a discapito del loro personale successo riproduttivo[1]. Alcuni uccelli, come il picchio muratore e il gabbiano d'argento, mostrano comportamenti altruistici noti come "allevamento cooperativo". In questi casi, alcuni individui aiutano a nutrire e a proteggere i pulcini degli altri, a discapito del loro personale successo riproduttivo. Potrebbe essere visto come un investimento a lungo termine nella salute e nel benessere del gruppo, o come una manifestazione di legami sociali stretti e di fiducia reciproca.

La nostra comprensione delle emozioni sociali animali è ancora agli inizi. Le scoperte attuali, tuttavia, ci stanno aiutando a sviluppare una visione più completa e rispettosa della vita animale. Per esempio, l'osservazione di comportamenti che sembrano indicare imbarazzo suggerisce che gli animali potrebbero avere una consapevolezza di sé e delle norme sociali più sofisticata di quanto abbiamo precedentemente pensato. Allo stesso modo, le evidenze di invidia e gelosia suggeriscono che gli animali possono avere aspettative e desideri molto precisi, e che possono risentire profondamente delle ingiustizie percepite.

L'empatia e l'altruismo, d'altra parte, ci ricordano che gli animali, come gli umani, sono creature sociali che dipendono l'uno dall'altro per la sopravvivenza e il benessere. Essi sono capaci di formare legami profondi e duraturi, e di prendersi cura l'uno dell'altro in modi che vanno oltre le semplici necessità fisiche. Queste scoperte sottolineano l'importanza di trattare gli animali con gentilezza e rispetto, riconoscendo la loro capacità di provare sofferenza e gioia.

In conclusione, le emozioni animali rappresentano un campo di ricerca affascinante e in rapida evoluzione. Le scoperte in questo campo stanno trasformando il nostro modo di vedere gli animali, e stanno aprendo nuove possibilità per il miglioramento del loro benessere. Come esseri umani, abbiamo la responsabilità di ascoltare, di apprendere, e di rispondere con compassione e rispetto alle esigenze emotive degli animali. Sicuramente, ci sono ancora molti misteri da svelare, ma ogni nuova scoperta ci avvicina sempre di più alla comprensione dell'esperienza emotiva degli animali e del loro posto nel grande schema della vita.

Emozioni di Autoconsapevolezza: Le dinamiche dell'Orgoglio e della Vergogna

L'orgoglio e la vergogna sono emozioni complesse strettamente connesse alla consapevolezza di sé, tradizionalmente considerate esclusive dell'esperienza umana. Ricordi quel piacevole senso di soddisfazione che hai avvertito nel lasciare una recensione per questo libro? Ecco, quell'emozione è l'orgoglio. Ah, stai dicendo che non hai ancora lasciato una recensione? In tal caso, l'emozione che potresti stare sperimentando in questo momento potrebbe essere la vergogna. In un mondo in cui abbiamo imparato a vedere gli animali come creature prive di emozioni complesse, ecco una provocazione per voi: e se vi dicessi che il vostro cane può sentire orgoglio? E se vi dicessi che l'elefante nel documentario di ieri sera può sentire vergogna?

Il comportamento dei cavalli offre un esempio convincente di manifestazioni potenziali di orgoglio. Quando un cavallo esegue con successo una manovra complessa o vince una gara, può mostrare comportamenti che potrebbero essere interpretati come orgoglio, come tenere la testa alta, trottare, e mostrare una maggiore vivacità[2]. Altri ricercatori hanno osservato che dopo aver eseguito con successo un compito o un trucco, anche i delfini possono mostrare comportamenti che potrebbero essere interpretati come segni di orgoglio, come saltare fuori dall'acqua, fare schioccare le pinne o emettere suoni particolarmente forti[6]. Inoltre, i pinguini Gentoo sembrano esibire comportamenti simili quando riescono a costruire un nido con successo o a procurarsi cibo per i loro piccoli, suggerendo un senso di autostima e realizzazione[3].

Allo stesso modo, ci sono esempi convincenti di possibili manifestazioni di vergogna negli animali. Quando un cane compie un'azione che sa essere sbagliata, come fare i bisogni in casa o rompere un oggetto, spesso abbassa la testa, evita il contatto visivo e tende a ritirarsi[1]. Questo comportamento può essere interpretato come un segno di vergogna. La ricerca ha anche indicato che gli elefanti mostrano comportamenti simili quando non riescono a eseguire un compito o quando vengono rimproverati da un membro dominante del branco[5]. Un altro esempio può essere trovato negli uccelli, come i corvi. I corvi sono noti per la loro intelligenza ed è stato osservato che possono mostrare segni di vergogna o imbarazzo quando i loro tentativi di risolvere un problema vengono frustrati o quando i loro comportamenti aggressivi vengono respinti da altri corvi[4].

Riconoscere queste emozioni negli animali nella vita quotidiana può essere complesso e richiede un'attenta osservazione e una solida conoscenza del comportamento animale. Ad esempio, un cane che mostra un portamento eretto e una coda alta e ondeggiante dopo aver eseguito un comando potrebbe essere interpretato come orgoglioso. Allo stesso modo, un cane che abbassa la testa ed evita il contatto visivo dopo aver fatto qualcosa di sbagliato potrebbe essere interpretato come vergognoso[1]. Tuttavia, è importante sottolineare che l'interpretazione del comportamento animale può essere soggettiva e può variare a seconda del contesto. Pertanto, è vitale esercitare cautela nell'attribuire le emozioni umane agli animali senza ulteriori prove scientifiche. Anche se le prove aneddotiche possono essere suggestive, sono necessari ulteriori studi per confermare la presenza di emozioni complesse come orgoglio e vergogna negli animali. Il campo della ricerca sulle emozioni animali è ancora giovane, e ci sono molte domande senza risposta. Tuttavia, è chiaro che gli animali possono esibire una gamma di comportamenti che, almeno in superficie, assomigliano sorprendentemente a quelli degli esseri umani. Mentre continuiamo a esplorare questo affascinante argomento, siamo sicuri di scoprire nuove e sorprendenti verità sulla vita emotiva degli animali. La nostra comprensione delle emozioni animali è in continua evoluzione, e ogni nuovo studio ci avvicina un po' di più alla comprensione della complessità del loro mondo emotivo.

Emozioni Miste: Un ballo tra Ansia e Senso di Colpa nel regno animale

Avete mai osservato un uccello che sembra turbato da un temporale in arrivo, o un gatto che si nasconde quando avverte la minima alterazione del suo territorio? Sì, stiamo parlando di ansia negli animali. Indubbiamente, il regno animale è un teatro di emozioni, una rappresentazione che va ben oltre la sopravvivenza e la riproduzione.

L'ansia, come sappiamo, è una risposta agli stress ambientali che potrebbe manifestarsi in qualsiasi specie vivente, umana o meno. Facciamo riferimento a fattori di stress come la mancanza di cibo, la presenza di predatori o parassiti, conflitti interni al gruppo e fluttuazioni ambientali[3]. Per esempio, un uccello che vive in un'area con una popolazione elevata di predatori potrebbe mostrare segni di ansia come vocalizzazioni frequenti, un comportamento di fuga iperattivo o la costruzione di nidi in luoghi difficilmente accessibili. Allo stesso modo, un animale che vive in un ambiente in cui il cibo è scarso potrebbe mostrare sintomi di ansia come comportamenti di foraggiamento compulsivi, aggressività nei confronti di altri animali, o alterazioni del normale comportamento alimentare. Nel caso di animali domestici come cani e gatti, l'ansia può manifestarsi in risposta a fattori di stress come rumori forti (ad esempio, fuochi d'artificio o temporali), separazione dai proprietari, o l'introduzione di nuovi animali o persone in casa. I cani con ansia da separazione, ad esempio, potrebbero mostrare comportamenti come abbaiare eccessivamente, masticare mobili o altri oggetti, tentare di scappare, o mostrare segni di disagio come tremori o ansimare quando i loro proprietari non sono presenti[5]. I gatti con ansia potrebbero mostrare comportamenti come miagolare eccessivamente, nascondersi, rifiutare di mangiare, o mostrare aggressività improvvisa. Ma come si manifesta l'ansia? Come un attore sotto i riflettori, l'ansia rivela la sua presenza attraverso comportamenti come tremori, abbaiare o miagolare eccessivamente, nascondersi, mostrare aggressività o comportamenti distruttivi e cercare costantemente conforto dal suo proprietario[1].

Andiamo oltre, avventuriamoci nel labirinto di una delle emozioni più complesse in assoluto. Il senso di colpa, un'emozione che noi umani conosciamo fin troppo bene, è davvero presente anche negli animali? Alcuni comportamenti possono farci pensare di sì. Un cane potrebbe abbassare la testa, evitare il contatto visivo o nascondersi dopo aver fatto qualcosa che sa essere sbagliato. Tuttavia, attenzione, siate saggi! Questi comportamenti, benché possano sembrare dimostrazioni di rimorso, potrebbero essere semplicemente segni di paura o sottomissione. Il nostro cane potrebbe essere più spaventato dalla nostra reazione che afflitto da un autentico senso di colpa[2]. E questo non è tutto. Alcuni ricercatori suggeriscono che il senso di colpa può essere presente anche in specie non mammifere. Gli uccelli del genere Corvus, ad esempio, che comprende corvi e gazze, hanno dimostrato una straordinaria capacità di problem-solving e una sofisticata cognizione sociale[4]. Questo ha portato alcuni scienziati a ipotizzare che questi uccelli potrebbero sperimentare un senso di colpa o di imbarazzo, sebbene ciò non sia ancora stato dimostrato in modo definitivo.

Emozioni Neutre: La stasi della Noia

Mai pensato che l'elefante che vorresti tenere in giardino potrebbe annoiarsi se lo facessi? Eppure, la noia negli animali è un fenomeno reale e inquietante che la ricerca sta iniziando a svelare[3]. Non è un concetto esclusivamente umano, come potreste erroneamente credere.

Identificare il segno distintivo della noia in un animale non è un'impresa da poco, ma certamente non è un mistero irrisolvibile. Un animale che languisce in un ambiente privo di stimoli tende a mostrare una diminuzione dell'attività, diventando stranamente sensibile a nuovi stimoli, anche se questi non sono affatto piacevoli.

Ma cosa scatena questa maledetta noia nel mondo animale? La risposta risiede nel grigiore della monotonia. Un ambiente privo di stimoli fisici e sociali, come la mancanza di giocattoli o la possibilità di interagire con i propri simili, può scatenare un vuoto noioso. Anche l'assenza di sfide cognitive o la mancanza di varietà nelle attività quotidiane possono far precipitare un animale in questo abisso di tedio.

Per rendere più vivida questa realtà vi presento l'esempio di Alex, il pappagallo grigio africano. Alex ha dimostrato una certa avversione per i puzzle troppo ripetitivi o troppo semplici, finendo per dare risposte senza senso, quasi per mostrare il proprio disappunto. Un chiaro segno di noia, non credete?[1].

Un altro esempio può essere visto nei grandi felini negli zoo. Alcuni di loro possono iniziare a camminare avanti e indietro nel loro recinto, un comportamento noto come "pacing". Questo comportamento stereotipato può essere un segno di noia, poiché gli animali non hanno accesso a un ambiente ricco di stimoli o la possibilità di seguire i loro comportamenti naturali di caccia ed esplorazione. Questo comportamento è stato documentato in diverse specie di grandi felini come leoni, tigri e leopardi negli zoo di tutto il mondo[2].

LA MENTE

Utilizzo di strumenti e oggetti: L'arte
dell'intelligenza pratica

Conoscenze matematiche, baratto e denaro:
Nozioni di "Valore" nel tessuto sociale animale

Capacità d'orientamento: Navigare il tessuto dello
spazio circostante

Manipolazione di altri animali: Esplorazione delle
dinamiche sociali

Utilizzo di strumenti e oggetti: L'arte dell'intelligenza pratica

Hai mai osservato un animale mentre utilizza uno strumento? Se la risposta fosse no, potresti rimanere sorpreso da quello che sto per raccontarti. Mentre per noi, umani, l'uso di strumenti è una seconda natura, scoprire che anche gli animali possono essere abili artigiani può essere una rivelazione.

L'uso di strumenti da parte degli animali è un fenomeno in cui un animale utilizza qualsiasi tipo di strumento per raggiungere un obiettivo come l'acquisizione di cibo e acqua, la toelettatura, il combattimento, la difesa, la comunicazione, il divertimento o la costruzione. Originariamente, si pensava che fosse una competenza posseduta solo dagli esseri umani, anche perché l'utilizzo di alcuni degli strumenti richiede un livello sofisticato di cognizione.

Gli animali possono utilizzare gli strumenti per estrarre fonti di cibo che altrimenti sarebbero estremamente difficili da ottenere, come ad esempio le termiti e le larve che scavano il legno. Guarda un po', sembra che anche nel mondo animale si applichi il vecchio detto "la necessità è la madre dell'invenzione".

Data l'ovvia utilità dell'utilizzo degli strumenti, una domanda altrettanto ovvia è perché l'uso degli strumenti si veda in pochissime specie. O forse la domanda dovrebbe essere: perché noi umani siamo così lenti nel riconoscere l'ingegnosità dei nostri compagni animali?

Vediamo alcuni esempi concreti. Prendiamo ad esempio il macaco. Questo intelligente primate utilizza una pietra come strumento per raggiungere il suo succulento pasto composto da granchi. I macachi del Giappone, invece, sono noti per lavare le patate dolci nel mare prima di mangiarle, mostrando una comprensione rudimentale di come rimuovere lo sporco dal cibo. Inoltre, utilizzano sorgenti termali per riscaldarsi durante i mesi invernali, un comportamento che suggerisce una capacità di adattamento e di pianificazione in relazione al comfort fisico. Questi comportamenti indicano non solo l'uso di strumenti ma anche una forma di cultura comportamentale, poiché le nuove generazioni apprendono dai membri più anziani del gruppo[4].

C'è poi l'orso bruno, che è stato osservato mentre utilizzava rocce incrostate di balani per strofinare il collo e il muso. Questo comportamento probabilmente aveva lo scopo di alleviare la pelle irritata o per rimuovere i resti di cibo dal pelo. Così, mentre noi umani paghiamo per costosi trattamenti spa, l'orso bruno si fa una spa fai-da-te gratis! Gli orsi esibiscono anche comportamenti complessi come la pesca del salmone, che richiede tempismo e precisione. Questi comportamenti mostrano la loro capacità di apprendere e adattarsi a diversi ambienti e risorse alimentari. Inoltre, gli orsi utilizzano vari metodi per accedere al cibo, come rompere i rami degli alberi o scavare nel terreno per trovare insetti, dimostrando una varietà di tecniche e la capacità di risolvere problemi[2].

Gli elefanti sono notoriamente animali intelligenti e hanno dimostrato la loro abilità nell'utilizzo di strumenti in diverse occasioni. Utilizzano la loro proboscide e i piedi per manipolare oggetti e affrontare vari problemi. Per esempio, possono scegliere ramoscelli o spezzare rami da utilizzare come scaccia mosche per tenere lontani questi insetti fastidiosi dalla loro pelle o da quella dei compagni. Inoltre, si servono di rami o sassi per grattarsi parti del corpo che altrimenti sarebbero irraggiungibili, mostrando di saper utilizzare gli strumenti anche per il comfort personale. In situazioni in cui gli elefanti scavano buche per trovare acqua durante periodi di siccità, hanno l'incredibile tendenza a tappare la buca con un sasso o un pezzo di legno dopo aver bevuto, conservando così l'acqua per un utilizzo successivo. Questo comportamento non solo rivela un'azione deliberata e mirata ma sottolinea anche la capacità degli elefanti di pianificare per il futuro. Quando si tratta di alimentazione, gli elefanti mostrano una grande ingegnosità. Possono utilizzare rami per abbattere frutta da alberi che sono troppo alti o per raggiungere foglie e ramoscelli che non riuscirebbero altrimenti a prendere. Questa capacità di interagire con l'ambiente in modo così specifico è un chiaro segno di un'intelligenza avanzata e di un comportamento adattativo[6].

Tra le stratificazioni dell'intelligenza animale, i delfini si distinguono per la loro straordinaria capacità di adattamento e ingegnosità. Un gruppo di delfini nella Shark Bay utilizza le spugne marine per proteggere i loro rostri mentre cercano cibo[5]. Altri delfini hanno sviluppato una pratica nota come "pesca con la marea". In questa sofisticata tecnica di caccia, i delfini sfruttano strategicamente l'ambiente mutabile della bassa marea. Guidano i pesci verso i banchi di sabbia emersi, intrappolandoli e rendendo così la loro cattura un processo efficiente e meno aleatorio. Questi comportamenti trascendono la semplice risposta adattativa ai bisogni alimentari; riflettono una profonda intelligenza e una capacità di apprendimento e insegnamento all'interno del loro gruppo sociale. Il trasferimento di queste tecniche di sopravvivenza tra individui indica una cultura appresa, un patrimonio di conoscenze collettive che passa di generazione in generazione tra i membri della comunità dei delfini. Inoltre, i delfini hanno destato particolare interesse per la loro apparente esplorazione di stati di coscienza alterati. È stato documentato che i delfini interagiscono in maniera peculiare con i pesci palla, noti per la loro capacità di secernere tetrodotossina, una tossina dalle potenziali proprietà narcotiche a basse dosi. Si ipotizza che i delfini possano cercare consapevolmente queste interazioni per sperimentare gli effetti euforizzanti della sostanza. Nonostante la pericolosità della tetrodotossina, che può risultare letale per molti esseri viventi, compreso l'uomo, si presume che i delfini siano in grado di calibrare la loro interazione con i pesci palla per assorbire quantità controllate della tossina. Tale comportamento è stato osservato in alcuni studi e documentari, dove i delfini si passavano il pesce palla tra di loro con delicatezza, suggerendo una possibile ricerca intenzionale di uno stato psicotropo. Questa pratica, interpretata da alcuni come un ludico flirt con la tossina, aggiunge un altro strato di complessità all'eccezionale comportamento sociale e cognitivo dei delfini.

Le lontre marine esibiscono un comportamento sofisticato nell'utilizzo di strumenti, impiegando rocce e altri oggetti per accedere al cibo incastonato nei gusci dei molluschi. Secondo Haslam (2019), queste creature adottano una tecnica distintiva: galleggiano supine sull'acqua, posizionano il cibo sul torace e lo percuotono con la roccia fino a quando il guscio non si apre. Tale prassi è stata registrata in molteplici colonie di lontre marine, costituendo un esempio di comportamento acquisito che si diffonde culturalmente tra gli esemplari. Oltre a ciò, le lontre marine dimostrano un'inclinazione a selezionare "pietre preferite", che custodiscono nelle tasche cutanee situate sotto le braccia, un comportamento che evidenzia un grado di premeditazione. Questa scelta non solo indica un attaccamento agli strumenti, ma rivela anche una cognizione avanzata e la capacità di pianificare al di là dell'uso immediato, suggerendo un'anticipazione delle necessità future.

E infine, non possiamo dimenticare i corvidi. I corvidi, come corvi e gazze, sono noti per i loro grandi cervelli e l'uso degli strumenti. I corvi della Nuova Caledonia selezionano materiali adatti e li lavorano fino a ottenere la forma desiderata, mostrando una comprensione sofisticata dell'uso degli strumenti che fino a poco tempo fa si pensava fosse limitata agli esseri umani e ad alcuni primati. I corvi utilizzano queste sonde per estrarre insetti, larve e altri piccoli animali da tronchi d'albero, fessure e altre cavità dove le loro zampe o becchi non possono arrivare. Inoltre, i corvidi hanno dimostrato capacità di problem solving che superano quelle di molti primati[1].

Con tutto questo discorso sull'ingegnosità animale, non dovremmo dimenticare un punto cruciale. Gli animali non stanno inventando nuovi strumenti per divertimento o per impressionare i loro amici. È una questione di sopravvivenza. La loro abilità nell'utilizzare gli strumenti li aiuta a sopravvivere in un mondo spesso ostile. Quindi, anche se possiamo ammirare il loro ingegno, dobbiamo anche riconoscere la dura realtà che lo sottende.

In conclusione, l'uso degli strumenti da parte degli animali non umani è un fenomeno affascinante che ci mette in discussione come specie. Ci costringe a mettere in discussione la nostra percezione dell'intelligenza e dell'ingegno, e ci ricorda che non siamo gli unici abitanti intelligenti di questo pianeta. Quindi, la prossima volta che sarai tentato di ridere di un corvo che si arrampica su un ramo con un bastoncino nel becco, fermati un attimo. Quel corvo potrebbe essere più intelligente di quanto tu pensi. E ricorda, ogni volta che usi un attrezzo, non stai solo seguendo un'abitudine umana. Stai partecipando a un comportamento che condividiamo con molti altri abitanti del nostro mondo naturale. In un certo senso, siamo tutti artigiani della sopravvivenza. E non c'è nulla di più umano, o animale, di questo.

Conoscenze matematiche, baratto e denaro: Nozioni di "Valore" nel tessuto sociale animale

Nelle profondità delle foreste tropicali e nelle vaste savane, negli oceani senza limiti e persino nelle nostre case e giardini, si svolge un teatro di abilità matematiche e scambio di risorse che è sorprendentemente simile a quello umano.

Con un esame attento delle facoltà cognitive del regno animale, emergono testimonianze di un sorprendente acume numerico che trascende i confini della nostra specie. Gli scimpanzé, per esempio, hanno dimostrato di possedere una prodigiosa memoria e un'acuta percezione per i numeri. In uno studio condotto al Primate Research Institute dell'Università di Kyoto, un giovane scimpanzé di nome Ayumu ha dimostrato la sua straordinaria memoria numerica. Gli scienziati hanno mostrato ad Ayumu una serie di numeri da 1 a 9 sparsi su uno schermo touch-screen. I numeri erano visibili per meno di un secondo prima di essere coperti da quadrati bianchi. Ayumu ha dimostrato la capacità sequenziare correttamente i numeri, toccando i quadrati in ordine ascendente, dopo che questi erano stati visualizzati solo per un breve lasso di tempo. Tale abilità ha sorpassato le prestazioni umane nei soggetti testati con la stessa prova[7]. Nel microcosmo degli insetti, le api si sono rivelate capaci di assimilare l'astratto concetto di zero, distinguendolo come una quantità numerica distinta e non meramente come una mancanza di quantità. Difatti, uno studio di rilievo del 2019, pubblicato da Bortot, ha rivelato un aspetto sorprendente dell'intelligenza apistica: la capacità di discernere e preferire, in base alla quantità, tra due insiemi di oggetti. Con un addestramento mirato, gli apicoltori sono riusciti a insegnare alle api a orientarsi verso una superficie caratterizzata da un numero inferiore di elementi rispetto a un'altra. In seguito a un periodo di apprendimento, nel quale hanno imparato a differenziare tra insiemi di diverse numerosità, le api hanno mostrato la notevole abilità di riconoscere il concetto di "zero", optando per una superficie completamente priva di oggetti anziché una che ne contenesse un numero qualsiasi.

Il regno aviano offre, a sua volta, esemplari di destrezza matematica. I corvi della Nuova Caledonia si sono distinti per la loro abilità nell'utilizzo sequenziale di utensili, un comportamento che presuppone una comprensione elementare di concetti numerici. In un esperimento in particolare, i corvi della Nuova Caledonia sono stati presentati con una serie di scatole contenenti cibo, accessibili solo utilizzando una specifica sequenza di strumenti. I corvi dovevano prima utilizzare un piccolo sottile bastoncino per recuperare un bastoncino più grande e più robusto, che a sua volta doveva essere usato per ottenere il cibo. Questo richiedeva una comprensione di sequenze numeriche, poiché l'uso improprio dell'ordine degli strumenti avrebbe impedito di raggiungere l'obiettivo. In un altro studio, i piccioni sono stati addestrati a toccare su uno schermo dei numeri in ordine crescente. Nonostante i numeri fossero rappresentati da quantità diverse di oggetti (come punti), i piccioni hanno imparato a riconoscere e sequenziare i numeri dall'1 al 9 basandosi sulla numerosità[9].

Anche i delfini, celebri per la loro elevata intelligenza, hanno confermato la presenza di una cognizione numerica attraverso la loro capacità di discriminare tra differenti quantità di suoni o oggetti, offrendo un ulteriore indizio della pervasività del calcolo nell'ambito marino. I ricercatori hanno utilizzato suoni subacquei per testare la capacità dei delfini di discriminare tra diversi numeri di impulsi sonori. I delfini sono stati in grado di rispondere correttamente indicando se un secondo insieme di impulsi era maggiore, minore o uguale al primo set presentato. Questa capacità di giudizio quantitativo suggerisce un'intuizione numerica anche senza l'uso della vista. Questi ritratti dettagliati confermano la presenza di una sensibilità matematica intrinseca nel tessuto vitale della fauna terrestre, un attributo che si rivela essenziale per la sopravvivenza e il florilegio nell'ambiente naturale. Queste non sono semplici coincidenze, ma piuttosto manifestazioni di una cognizione numerica che ha radici profonde nella biologia. Considerate questo: nel teatro della natura, l'acume nel giudicare con prontezza il numero di predatori o potenziali prede può segnare il confine sottile tra sopravvivenza e perimento, tra l'assaporare una pietanza nutriente e il tormento della fame[3].

Ma non fermiamoci qui! Immergiamoci in un concetto ancora più complesso: il baratto. Quella pratica antica quanto l'umanità stessa, forse addirittura radicata nel DNA delle nostre specie. Il baratto è presente anche nel regno animale, dove le specie instaurano relazioni simbiotiche che sembrano prevedere una forma di scambio di "servizi" che molti economisti potrebbero invidiare. Nel vasto e complesso panorama delle interazioni animali, il baratto emerge come una sottile coreografia di scambio che riflette una sofisticata cognizione sociale. Questa pratica, osservabile in diverse specie, testimonia l'intreccio tra economia e istinto nel regno animale. I primati, con i loro complessi reticoli sociali, offrono esempi eloquenti di tale comportamento. In particolare, hanno dimostrato di partecipare a scambi reciproci, dove il cibo e i favori sociali come il grooming (la pulizia del pelo) vengono barattati in una maniera che suggerisce una comprensione delle dinamiche del dare e dell'avere. Questi scambi possono rafforzare i legami sociali e stabilire gerarchie all'interno del gruppo[4]. Anche tra i cetacei si osservano comportamenti che ricordano il baratto. I delfini, ad esempio, hanno mostrato di scambiarsi oggetti come alghe o bastoncini durante il gioco, un'azione che rafforza il legame sociale e fornisce una base per interazioni più complesse[6]. Questi esempi illustrano come il baratto sia parte integrante del comportamento animale, un fenomeno che trascende la semplice transazione e si immerge in una rete di relazioni sociali, comunicazione e strategia. La capacità degli animali di negoziare e scambiare risorse è una testimonianza della loro intelligenza e della loro capacità di adattarsi a un ambiente in cui la cooperazione può essere tanto vantaggiosa quanto la competizione.

Questa storia ci porta a riflettere sul concetto di "valore" nella società animale, un concetto che è tanto soggettivo quanto complesso. Il valore può variare enormemente tra diversi stakeholder, influenzato da contesti sociali, economici, culturali ed ecologici. La storia evolutiva di ogni animale, ovvero il risultato dell'interazione tra il suo genotipo e l'ambiente, è unica e insostituibile. Nel complesso mosaico delle interazioni animali, la capacità di riconoscere il "valore" rivela una straordinaria profondità cognitiva e una raffinata percezione economica. Questo fenomeno, che si manifesta in varie specie, è un'espressione di intelligenza comportamentale che incrocia i domini dell'economia comportamentale e dell'etologia. I primati, in particolare, esibiscono una notevole abilità nel discernere il valore relativo delle risorse. Gli scimpanzé, per esempio, hanno dimostrato di preferire cibi di qualità superiore e sono in grado di posticipare una gratificazione immediata per un premio migliore, una decisione che presuppone la capacità di valutare il valore futuro di una ricompensa. Queste valutazioni di valore non si limitano al cibo ma si estendono a strumenti e favori sociali, indicando una cognizione del valore che influisce sulle loro scelte e strategie di sopravvivenza[1]. Gli uccelli, inclusi i corvi, sono noti per la loro straordinaria intelligenza. Hanno dimostrato di comprendere il valore di oggetti strumentali, selezionando utensili appropriati per acquisire cibo e scambiandoli in un contesto che implica la valutazione del loro utilizzo[5]. Tra i cetacei, i delfini bottlenose mostrano una comprensione del valore attraverso il loro comportamento di utilizzo di spugne marine come strumenti di protezione durante la ricerca di cibo sul fondale marino. Tale comportamento suggerisce una valutazione del rischio rispetto al guadagno potenziale, un calcolo di valore che guida le loro scelte[8]. Questi esempi evidenziano la capacità degli animali di assegnare e comprendere il valore, facendo scelte che riflettono una comprensione dell'importanza relativa delle risorse disponibili. Questo processo decisionale, intriso di valutazioni di valore, è fondamentale per la navigazione di un'ampia gamma di contesti ecologici e sociali, dimostrando che la capacità di valutare e agire in base al valore è una caratteristica pervasiva nel regno animale[9].

Quindi, la prossima volta che osservate un gruppo di uccelli che volano insieme, considerate le loro abilità nel valutare quantità e distanze. E quando sentite parlare di scambi e baratti ricordatevi che anche nel regno animale queste pratiche sono in corso da tempo immemorabile, intricate e sofisticate quanto quelle umane.

Capacità d'orientamento: Navigare il tessuto dello spazio circostante

Intraprendere un viaggio attraverso il labirinto della natura richiede una bussola evolutiva di straordinaria precisione. Gli animali, nel corso di millenni, hanno perfezionato l'arte dell'orientamento, una danza di posizionamento in cui ogni movimento è un calcolo e ogni svolta è una decisione ponderata. La capacità di un essere vivente di stabilire la propria posizione in relazione a forze invisibili come la gravità o le risorse vitali è un atto di equilibrio quotidiano nonché una necessità biologica.

Il fenomeno dell'orientamento posizionale non è semplicemente una questione di "stare in piedi"; è un'affermazione di esistenza contro la gravità stessa, una capacità che consente ai vertebrati di orientarsi sfruttando un complesso sistema chiamato labirinto membranoso, mentre i loro cugini invertebrati si avvalgono di un sistema di statocisti per fini simili. Vi è mai capitato di chiedervi come una libellula mantenga il suo volo apparentemente erratico o come una gazzella si orienti instancabilmente verso l'acqua? La risposta giace in questi meccanismi biologici invisibili eppure onnipresenti. Tuttavia, se pensate che l'orientamento nel regno animale sia limitato a pochi fortunati, vi sbagliate. Sebbene gli studi si siano concentrati su un numero esiguo di animali, emerge un pattern ricorrente: gli animali si affidano a un insieme di indizi ambientali, stratificati in una gerarchia di segnali che guidano il loro comportamento[2]. Questi meccanismi di orientamento e navigazione, benché diversi, condividono temi comuni che attraversano i confini delle specie.

Come gli esseri umani, anche gli animali sono coscienti della posizione relativa dei loro corpi e degli oggetti circostanti, grazie alla percezione dello spazio. Questa percezione fornisce indizi vitali come la profondità e la distanza, indispensabili per muoversi e orientarsi nell'ambiente[7]. È un concetto che sfida la nostra comprensione, una perizia che va oltre la semplice reazione istintiva. E per quanto possiate ritenerlo sorprendente, alcuni membri del regno animale, come gli uccelli, sono maestri nell'integrare segnali di varia natura: punti di riferimento appresi precedentemente si fondono con la direzione percepita dal campo magnetico terrestre o dalle configurazioni celesti, consentendo loro di identificare la propria posizione e di navigare con un'efficacia che potrebbe far impallidire i nostri moderni sistemi di navigazione[1]. Considerate le prodezze nella navigazione dello storno comune (Sturnus vulgaris), un aviatore migratore che, al pari di molte altre specie, attinge a un repertorio di tecniche d'orientamento sofisticate per tracciare le sue rotte stagionali. Questi uccelli, con una sensibilità quasi mistica alle variazioni magnetiche terrestri, sfruttano tale campo come una bussola vivente, un dono che si ritiene sia radicato nella presenza di particelle di magnetite che permeano il loro essere. Con l'avvento della notte, gli storni volgono lo sguardo al cielo stellato, riconoscendo le costellazioni e mantenendo inalterata la loro traiettoria. All'alba, il sole assume il ruolo di baluardo orientativo e, grazie a un orologio circadiano di incredibile precisione, gli storni compensano il movimento solare per tenere una rotta invariata. È quasi come se avessero un GPS naturale che si ricalibra continuamente con il passare delle ore. C'è poi la polarizzazione della luce solare, un fenomeno forse meno noto ma non meno affascinante, che viene utilizzata da questi uccelli per discernere la sua posizione quando il sole è velato da nuvole elusive. E quando volano a quote minori, ecco che si avvalgono di punti di riferimento terrestri – fiumi serpeggianti e montagne imponenti – per disegnare sentieri nel cielo. In ultimo, gli storni utilizzano l'olfatto come ulteriore senso guida, in particolare nell'ultimo tratto verso casa. L'uso congiunto di queste tecniche di orientamento fornisce agli storni la capacità di attraversare grandi distanze con una precisione che sfida la nostra comprensione[5].

Nella vasta arena della biologia comportamentale, l'orientamento e la navigazione rappresentano aspetti essenziali della sopravvivenza animale, riflettendo una miriade di processi evolutivi complessi. Queste abilità non sono semplicemente repliche meccaniche di comportamenti innati, ma piuttosto risultati raffinati di adattamenti che si sono perfezionati nel corso di innumerevoli generazioni. La loro abilità di orientamento non è un semplice trucco evolutivo, ma un mosaico complesso di sensi, percezioni e intelligenza. Quando si osserva l'orientamento posizionale, ovvero la capacità degli animali di mantenere una postura stabile e orientata rispetto alla forza di gravità, è chiaro che gli animali hanno sviluppato meccanismi sofisticati per contrastare e sfruttare la gravità a loro vantaggio.

L'orientamento degli oggetti, cioè la capacità di riconoscere e reagire a oggetti specifici nell'ambiente, richiede una cognizione spaziale che è vitale per il riconoscimento di risorse come cibo e acqua. Tale competenza si rivela nei comportamenti strategici attraverso i quali gli animali si avvicinano potenziali fonti di nutrimento o idratazione. Queste decisioni sono esempi di valutazioni cognitive che hanno impatti diretti sulla sopravvivenza. C'è poi lo strato-orientamento che rappresenta l'abilità degli animali acquatici di navigare verticalmente in risposta a gradienti di luce, pressione e nutrienti. Gli animali acquatici, attraverso lo strato-orientamento, dimostrano una capacità di muoversi in un ambiente tridimensionale con una coordinazione che è il risultato di una percezione ambientale acuta. L'ascensione e la discesa in risposta a segnali ambientali come luce o concentrazione di nutrienti sono esempi di adattamenti comportamentali che supportano la sopravvivenza in ambienti dinamici. I polpi, ad esempio, possiedono una memoria spaziale eccezionale, che gli permette di navigare nei labirinti o ritrovare la via di casa dopo essersi allontanati. Per orientarsi utilizzano punti di riferimento e caratteristiche dell'ambiente marino come rocce o formazioni coralline, e la loro capacità di rilevare la polarizzazione della luce potrebbe assistere ulteriormente la loro navigazione, specialmente attraverso il chiarore della superficie dell'acqua. Anche la loro vista è acuta e gli occhi sono complessi. Inoltre, possono apprendere attraverso tentativi ed errori, ricordando dove si trovano le minacce o le fonti di cibo e utilizzando queste informazioni per muoversi più efficientemente. In ultimo, la loro tattica di fuga dimostra la conoscenza dettagliata dell'ambiente circostante e la capacità di prendere decisioni rapide basate sull'orientamento quando minacciati[6].

L'orientamento zonale, che si riferisce alla capacità degli animali di muoversi attraverso diversi habitat o zone nel loro ambiente, rivela la profonda familiarità degli animali con l'ambiente in cui vivono. Questo comportamento è testimoniato nelle migrazioni stagionali e nei movimenti quotidiani di specie come cervi, lupi e orsi, che attraversano diversi ecosistemi con una conoscenza che sembra trascendere la semplice esperienza sensoriale. Inoltre, la navigazione geografica o topografica è forse uno degli aspetti più stupefacenti dell'orientamento animale. La navigazione geografica o topografica si manifesta nelle straordinarie migrazioni di alcuni animali che percorrono vaste distanze con impressionante precisione, utilizzando una varietà di segnali ambientali e meccanismi sensoriali. I pipistrelli, questi maestri del volo notturno, intraprendono migrazioni guidate dalle stagioni per soddisfare le loro necessità alimentari. I frugivori, ad esempio, seguono il calendario della fruttificazione, mentre gli insettivori si dirigono verso luoghi dove gli insetti abbondano in momenti specifici dell'anno. Il clima è un ulteriore fattore che incide sui loro viaggi: alcune specie cercano rifugio dal gelo invernale, volando verso climi più miti per riprodursi o entrare in ibernazione. Durante queste migrazioni, l'ecolocalizzazione è una bussola per le brevi distanze; tuttavia, resta un mistero se questa abilità sia impiegata anche per tragitti più estesi. La ricerca ci svela che questi mammiferi volanti potrebbero anche avere la capacità di percepire il campo magnetico terrestre per orientarsi, simile a quanto viene fatto da molti uccelli. In aggiunta, i pipistrelli si affidano a punti di riferimento visivi — i contorni del paesaggio — e alla loro memoria spaziale, che registra le rotte migratorie e i siti di riproduzione o ibernazione già frequentati. L'olfatto potrebbe essere un altro senso che li guida verso destinazioni specifiche. La sfida di tracciare i loro movimenti notturni e a lungo raggio non diminuisce l'importanza di conservare i loro percorsi migratori, cruciali per la sopravvivenza di queste specie minacciate dalla perdita di habitat, malattie e cambiamenti climatici. Proteggere i pipistrelli è un imperativo per la biodiversità e il benessere degli ecosistemi che noi tutti condividiamo[8].

Nel vasto teatro della natura, la navigazione non è solo un'arte, ma una scienza affinata attraverso millenni di evoluzione. Gli animali, signori di terra, cielo e mare, eseguono balli di orientamento che sfidano la nostra comprensione e, francamente, mettono a dura prova il nostro senso di orientamento quando cerchiamo di uscire dal parcheggio del supermercato. Utilizzando una combinazione di punti di riferimento e percezioni direzionali che farebbero impallidire il più sofisticato dei GPS (si pensi al campo magnetico terrestre o alle stelle), gli animali costruiscono mappe interne con la precisione di un cartografo esperto. Non si affidano esclusivamente alla vista; no, sarebbe troppo semplice. L'olfatto, l'eco localizzazione e molti altri sensi entrano in gioco come spie che raccolgono informazioni per il quartier generale del loro cervello[3, 4]. La cognizione spaziale è il loro pane quotidiano, e qui non stiamo parlando di semplici itinerari, ma di acquisire e organizzare conoscenze sull'ambiente circostante. Consideratelo un continuo aggiornamento di Google Maps, ma senza la connessione a internet e senza la voce meccanica che ti dice dove girare. Pensate ai nostri amici cani, che, senza bisogno di mappe o segnali stradali, riescono a ritrovare la strada di casa come piccoli esploratori pelosi, anche dopo le più tortuose delle passeggiate. E che dire delle api, che non solo trovano la strada per un fiore carico di nettare, ma ritornano all'alveare in una traiettoria che potrebbe fare arrossire il più abile dei piloti acrobatici?

Manipolazione di altri animali: Esplorazione delle dinamiche sociali

Nel tessuto complesso delle interazioni animali, la manipolazione emerge come una filigrana di astuzia comportamentale, svelando l'intelligenza intrinseca di molteplici specie. Questo fenomeno, così vasto nel suo spettro, è meno una questione di semplice sopravvivenza e più un'espressione raffinata dell'evoluzione in atto.

Prendiamo in considerazione la manipolazione sociale[1], un fenomeno non solo emblematico, ma fondamentale per la coesione e la resilienza delle comunità animali. Prendiamo ad esempio la danza delle scosse delle api, che è una coreografia che trascende la pura comunicazione. In questo caso la manipolazione è un mezzo attraverso il quale queste instancabili lavoratrici coordinano le attività della colonia, ottimizzando la raccolta delle risorse. La manipolazione sociale, quindi, è un fenomeno che trascende il mero scambio di informazioni tra individui, bensì è una regia sofisticata che ottimizza le energie del collettivo. Queste interazioni non sono solamente funzionali all'approvvigionamento, ma riflettono un sofisticato sistema di organizzazione collettiva che è fondamentale per la prosperità dell'intero gruppo.

La dimensione del parassitismo sociale[3], invece, rivela una faccia più sinistra della manipolazione. Il cuculo, con la sua strategia riproduttiva di brood parasitism, si insedia nel nido altrui, sfruttando l'istinto di accudimento dei genitori adottivi. I piccoli di cuculo, con i loro richiami incessanti e il loro appetito vorace, inducono i genitori surrogati a fornire loro cure a discapito della propria prole, in un atto di manipolazione diabolico ma estremamente efficace. È una tattica dove l'inganno diviene una strategia di sopravvivenza, con i cuccioli di cuculo che usurpano le risorse destinate ad altri, assicurandosi così un vantaggio in un gioco di sopravvivenza che non ammette esitazioni morali.

Viceversa, riflettiamo sulle formiche, gli agricoltori del mondo degli insetti, e il loro rapporto con gli afidi[4]. Questa relazione simbiotica è un esempio di manipolazione mutualmente benefica: le formiche coltivano e proteggono gli afidi in cambio del loro prezioso nettare. Questo è un esempio di come la manipolazione può essere una forma di ingegneria ecologica, con una specie che cura attivamente un'altra per il mantenimento di un delicato equilibrio ambientale.

Questi esempi illuminano la vasta gamma di strategie comportamentali adottate dagli animali per navigare e manipolare il loro ambiente sociale ed ecologico. Come interpreti di questa narrazione naturale, noi umani abbiamo il dovere di comprendere e rispettare questi meccanismi, poiché la conoscenza di tali dinamiche è cruciale per la conservazione delle specie e la gestione degli habitat naturali.

Questi esempi evidenziano la manipolazione come una componente intrinseca e indispensabile del comportamento animale, fondamentale sia per l'individuo che per la collettività. Attraverso la lente della manipolazione animale, possiamo intravedere la maestria evolutiva che permea il regno naturale. Questa pratica, osservata in una moltitudine di forme, non è esclusivamente una tattica evolutiva, ma rappresenta un aspetto vitale dell'interazione sociale e della sopravvivenza degli animali. La manipolazione, intesa come strumento di adattamento e sopravvivenza, ci offre non solo lezioni di ingegnosità ma anche una via verso una coesistenza più empatica e sostenibile. La manipolazione nel dominio animale si rivela come un fenomeno di straordinaria complessità e raffinatezza, riflettendo l'incredibile adattabilità e ingegno delle specie che popolano il nostro pianeta[2].

4 L'ANIMA

Cooperazione e lealtà

Gestione della morte e sacralità

Capacità artistiche, gioco e
immaginazione

Relazioni

Cooperazione e lealtà

Nel tessuto intricato e sorprendente della vita sulla Terra, due fili conducono il disegno evolutivo verso forme di socialità sempre più complesse: la cooperazione e la lealtà. Sì, il regno animale esibisce questi concetti con un'abile maestria che spesso ci lascia in ammirata contemplazione. E non è solo una questione di sopravvivenza: è una raffinata danza di interazioni che definisce il successo riproduttivo e la resilienza delle specie.

La cooperazione è un fenomeno che trascende le barriere tra specie. Nel mondo animale, il territorio è spesso sinonimo di sopravvivenza, poiché assicura accesso a risorse vitali come cibo, rifugio e opportunità riproduttive. Un esempio emblematico di difesa territoriale coordinata si può osservare nei branchi di lupi (Canis lupus). I lupi stabiliscono e mantengono territori che possono estendersi per chilometri e sono difesi dal branco con grande determinazione. La difesa è un'operazione coordinata dove ogni membro del branco ha un ruolo, dalla marcatura olfattiva dei confini fino all'aggressione diretta nei confronti degli intrusi. Quando un lupo estraneo o un altro branco invade il territorio, i membri del branco si riuniscono e usano una combinazione di vocalizzazioni, posture e, se necessario, forza fisica per respingere la minaccia. Questa aggressività coordinata è un chiaro esempio di come la cooperazione può accrescere la forza di un gruppo, rendendolo più grande della somma delle sue parti. La comunicazione efficace e la gerarchia sociale all'interno del branco sono essenziali per una difesa territoriale di successo, dove l'unità di intenti e l'azione collettiva sono fondamentali[2].

Nel mondo sottomarino, alcuni pesci adottano strategie riproduttive particolarmente affascinanti. Prendiamo, per esempio, i pesci ermafroditi simultanei come il gobide blu (Lythrypnus dalli), che possiedono sia organi riproduttivi maschili che femminili e possono quindi scambiarsi uova in un atto di fecondazione reciproca. Questo comportamento consente a entrambi i partner di assumere sia il ruolo di genitore che di donatore di gameti, massimizzando le proprie opportunità riproduttive. Durante il rituale di accoppiamento, questi pesci si avvicinano l'uno all'altro, allineando i loro corpi e oscillando in un movimento sincronizzato. Questa danza riproduttiva assicura che la fecondazione avvenga con successo, con un trasferimento reciproco di spermatozoi e uova tra i due individui. Questa strategia non solo aumenta le possibilità di successo riproduttivo per il singolo individuo ma ha anche il vantaggio evolutivo di disperdere una maggiore varietà genetica all'interno della popolazione, una sorta di assicurazione contro i cambiamenti ambientali e le malattie che potrebbero colpire la specie[3].

E non è tutto: nell'alleanza tra garzette e bufali, troviamo un esempio vivido di come la cooperazione possa essere di vantaggio reciproco. Le garzette, con occhi da linfa vitale, liberano i bufali da fastidiosi parassiti e, in cambio, ricevono un segnale d'allarme in caso di pericolo. Parimenti, le rondini e le zebre si stringono in branchi, raccontando al mondo che l'unione fa davvero la forza. E i corvi? Ah, gli astuti corvi! Essi giocano a fare gli esploratori per i lupi, guidandoli verso la preda in una collaborazione che sembra tratta da un libro di fantascienza[1].

Ora, passiamo alla lealtà, quel tratto che incarna la virtù in un mondo che non perdona. Nel cane, vediamo una devozione che sfida i pericoli, una fedeltà verso gli umani che non conosce egotismo. È il cane, questo compagno di millenni, che ci insegna il significato più profondo di essere "fedele come un cane". Ma attenzione a sottovalutare i felini! I gatti domestici (Felis catus) sono spesso percepiti come creature solitarie e indipendenti, ma questa immagine può essere ingannevole. Malgrado la loro reputazione, i gatti sviluppano legami profondi sia con i loro simili che con gli esseri umani. Questi legami possono manifestarsi in forme di lealtà e comportamenti protettivi che sorprendono coloro che li considerano distanti o disinteressati.

E i delfini? Queste creature marine danzano nell'acqua con un senso di lealtà che tocca sia i loro simili sia, sorprendentemente, gli esseri umani. In essi, la lealtà si trasforma in un balletto acquatico che sfida le profondità del mare. Uno degli esempi più commoventi di lealtà tra delfini è il loro comportamento di supporto reciproco, conosciuto anche come "epimeletic behavior". In diverse occasioni, i ricercatori hanno osservato i delfini sostenere compagni malati o feriti. Se un delfino è troppo debole per nuotare, i membri del suo gruppo, a volte denominato pod, possono rimanere al suo fianco per ore o anche giorni, aiutandolo a rimanere a galla per respirare. Questo può comportare il sostenerlo sotto la pancia o spingerlo delicatamente verso la superficie per ottenere aria fresca[4].

Questi esempi sono solo un assaggio del vasto menu di comportamenti che dimostrano quanto la cooperazione e la lealtà siano radicate nel regno animale. Comprendere queste dinamiche sociali non è solo un esercizio accademico, ma una necessità che ha implicazioni dirette sulla conservazione delle specie e la gestione degli ecosistemi.

Quindi, mentre giriamo la pagina e ci immergiamo più a fondo nella conoscenza del regno animale, teniamo a mente le lezioni di cooperazione e lealtà. La cooperazione e la lealtà non sono solo meccanismi biologici, ma espressioni di una saggezza intrinseca nel codice della vita, un invito a riflettere sul nostro posto in questo intricato mosaico di esistenze. Queste riflessioni non sono solo filosofiche, ma anche pragmatiche. La scienza che studia il comportamento animale ha molto da insegnarci sulle strategie di conservazione e lo sviluppo sostenibile. Attraverso la comprensione di come gli animali cooperano e dimostrano lealtà, possiamo trovare nuove vie per proteggere la biodiversità e assicurare che le generazioni future possano godere della ricchezza e della bellezza del nostro mondo naturale.

Che si tratti di un gruppo di pesci pulitori che contribuisce all'equilibrio dell'ecosistema della barriera corallina, o della dedizione incrollabile di un cane verso il proprio compagno umano, c'è molto da ammirare e ancora più da imparare. E mentre consideriamo questi esempi, ricordiamo che la natura non è un semplice sfondo per le nostre vite, ma un universo vivente, pulsante e complesso, che ci invita a osservare, apprendere e, soprattutto, a rispettare le molteplici forme che la vita può assumere. In questo regno animale, la cooperazione e la lealtà rappresentano non solo la chiave per la sopravvivenza, ma anche la promessa di un'esistenza armoniosa e integrata su questo pianeta che chiamiamo casa.

Gestione della morte e sacralità

La morte, questa ineluttabile realtà che aleggia attorno all'esistenza di ogni creatura vivente, è una costante universale. Sebbene sia un evento biologico universale, viene percepita e interpretata attraverso un prisma riccamente variegato di credenze culturali e sensibilità individuali. Le culture intorno al mondo hanno sviluppato un'ampia gamma di rituali, simbologie e narrazioni per dare senso a questo evento inevitabile, influenzando profondamente il modo in cui gli individui sperimentano il lutto e attribuiscono significato al passaggio dalla vita alla morte. Queste interpretazioni sono lontane dall'essere monolitiche; anche all'interno di una stessa comunità, le esperienze personali, le storie di vita, le relazioni e le riflessioni personali colorano ogni incontro con la morte con sfumature uniche e profondamente personali. In definitiva, il modo in cui capiamo e ci rapportiamo alla morte è tanto un prodotto della nostra eredità culturale quanto un mosaico complesso delle nostre esperienze e percezioni individuali. Ma cosa avviene quando allarghiamo il nostro sguardo antropocentrico e ci immergiamo nel regno animale? Qui, caro lettore, ci avventuriamo in un territorio tanto affascinante quanto misterioso, dove la gestione della morte e il concetto di sacralità si manifestano in modi sorprendenti e a volte straordinariamente familiari[1].

La gestione della morte e la sacralità sono concetti che si intrecciano nel tessuto della nostra esistenza, ma che possiedono sfumature distintive profonde. La gestione della morte si riferisce alle pratiche, ai rituali e alle strutture organizzative che una società mette in atto per affrontare il decesso dei suoi membri. Queste pratiche possono includere l'organizzazione di cerimonie funebri, la preparazione del corpo per il suo ultimo viaggio e la creazione di spazi sacri per la sepoltura o la cremazione. La gestione della morte è quindi intrinsecamente legata alla cultura materiale e alle strutture sociali di una comunità, riflettendo i suoi valori, le sue credenze e il suo modo di interpretare la fine della vita. La sacralità, d'altra parte, è un principio che trasforma la morte da evento biologico a fenomeno carico di significato spirituale o religioso. È la dimensione che conferisce alla morte un'aura di santità e venerazione, che si manifesta attraverso rituali e simboli destinati a esprimere rispetto per il defunto e a riconoscere l'esistenza di una realtà che trascende la vita terrena. La sacralità è intimamente legata alla percezione dell'individuo e della collettività sul mistero dell'esistenza, sull'idea di un'anima o di una coscienza che persiste oltre la morte, e sulle pratiche che permettono di onorare e mantenere il legame con chi non è più nel mondo dei vivi.

Immaginatevi per un momento l'alto e solenne silenzio che regna nella vastità sconfinate della savana africana, interrotto solo dal vento che accarezza l'erba alta e dai suoni remoti della vita selvatica. In questo scenario di bellezza incontaminata, si consuma un atto di profondo cordoglio: un elefante, creatura maestosa e colonna portante dell'ecosistema, è caduto. La sua mole imponente, che per anni ha solcato i sentieri polverosi e si è stagliata contro il cielo al tramonto, giace ora immobile, rivelando l'ineluttabile destino che accomuna ogni forma di vita. Ma attorno a lui non regna il silenzio che ci si potrebbe aspettare. Al contrario, si assiste a una commovente cerimonia di lutto, naturale eppure straordinariamente simile alle nostre pratiche funerarie. I membri del suo branco, uniti da legami sociali forti e complessi, si radunano intorno al loro compagno perduto. Lo toccano con delicatezza, sfiorando la sua pelle ormai fredda con la proboscide, in un gesto che trascende il semplice contatto fisico e sembra cercare di riconnettersi con lo spirito del defunto. Emettono suoni sommessi, lamenti profondi che si diffondono nell'aria calda e vibrano nel terreno. Questo rito del lutto non è effimero e non si esaurisce con il calare del sole. Si protrarrà per giorni o settimane, segno tangibile di una memoria collettiva che non si spegne con la morte. Gli elefanti ritornano al luogo del trapasso in una sorta di pellegrinaggio della memoria. Questi pellegrinaggi, documentati da studi etologici come quelli di Douglas-Hamilton (2006) e colleghi, sottolineano la presenza di una coscienza sociale e di un senso di comunità che sfida le nostre precedenti comprensioni scientifiche. Questo esempio ci offre una panoramica sia della gestione della morte negli elefanti sia dell'attribuzione di sacralità alla morte.

Anche i delfini, creature degli abissi che da sempre stimolano la nostra immaginazione, mostrano segni di un comportamento che potremmo definire "lutto marino". Quando uno di loro muore, il gruppo non lo abbandona alle correnti, ma rimane a fianco del corpo per giorni, avvolti in un'atmosfera di palpabile angoscia[2]. Ciò che osserviamo, in queste acque solcate da echi di perdita, sembra essere un senso di rispetto, un legame ininterrotto che trascende la fine della vita.

Ma, domandiamoci: queste proiezioni di sacralità, sono un riflesso della coscienza animale o un'eco delle nostre umane convinzioni?[4]. Che gli animali siano capaci di percepire la morte in maniera simile a noi, è un quesito che ancora sfida la nostra comprensione e ci spinge a indagare più profondamente. Attenzione quindi a non cedere troppo facilmente alla tentazione dell'antropomorfizzazione. Questi comportamenti, sebbene evocativi, non sono universalmente condivisi tra tutte le specie, né tantomeno tra tutti gli individui. È un mosaico complesso, dove ogni tessera riflette una diversa interpretazione animale del ciclo vita-morte.

E così ci ritroviamo a concludere questo viaggio riflessivo nella gestione della morte e della sacralità nel mondo animale. Non è un percorso semplice, ma è indubbiamente intriso di significati e similitudini che ci avvicinano, in un modo inaspettato, a quelle creature che condividono con noi questo pianeta. La ricerca continua, con la promessa di nuove scoperte che potranno arricchire la nostra comprensione del lutto e della sacralità al di là dell'umanità, rivelando le molteplici dimensioni dell'esperienza animale. La morte, un tabù che affascina e inquieta. È un argomento che evitiamo nelle conversazioni leggere, eppure è inevitabilmente intrecciato nel tessuto dell'esistenza di ogni creatura. Difatti, anche gli animali hanno le loro cerimonie e i loro riti che, se osservati con occhio attento e mente aperta, potrebbero insegnarci qualcosa sulla natura universale del lutto e della sacralità[1].

Concludendo, cari lettori, l'esplorazione della morte e della sacralità nel regno animale non è solo un'esercitazione accademica. È un dialogo con il cuore stesso della vita, un apprezzamento profondo per la complessità e la bellezza delle altre forme di vita con cui condividiamo il nostro pianeta. Continuare a studiare questi fenomeni non solo arricchisce la nostra conoscenza, ma può anche illuminare le pratiche di conservazione e benessere animale. E forse, proprio attraverso la comprensione del loro modo di affrontare la morte, possiamo imparare a confrontarci con la nostra in modo più saggio.

Capacità artistiche, gioco e immaginazione

Al di là della lotta quotidiana per l'esistenza, il regno animale nasconde un panorama di espressioni sorprendentemente ricco e complesso, che testimonia non solo una capacità di adattamento e sopravvivenza, ma anche di espressione artistica e ludica. Questo capitolo intende immergersi in profondità negli angoli più reconditi del comportamento animale, dove l'arte e il gioco non solo esistono, ma fioriscono con una vitalità che sfida la nostra percezione antropocentrica dell'intelligenza e della creatività. Siete mai rimasti estasiati di fronte a un quadro, chiedendovi quale maniera di genio potrebbe aver mosso le mani dell'artista? Ora, immaginate di scoprire che l'artista non è un uomo, ma piuttosto un maiale, un delfino, o persino un procione. Sì, avete letto bene. E se vi dicessi che questi membri del regno animale non sono solo abili manipolatori del loro ambiente, ma anche creatori di arte?

Cominciamo con Pig-casso, il maiale artista della Pennywell Farm in Inghilterra, che, con un gusto per il colore che supera la passione per il fango, ci mostra che la capacità creativa non è solo un affare umano.

Nelle verdi vallate di un santuario inglese, vive un essere dalle straordinarie doti e una storia ancora più eccezionale. Lei è Pig-casso, una suina artista la cui passione per l'arte astratta si traduce in capolavori che vorticano con la bellezza inaspettata dei blu oceanici e le sfumature vibranti di una vita riscattata. Un tempo destinata a un'esistenza anonima tra le pareti fredde di un macello, la storia di Pig-casso ha preso una svolta notevole quando Joanne Lefson, artista sudafricana e ambientalista fervente, ha intercettato il suo destino. Salvata all'età di appena due mesi, Pig-casso ha scoperto in sé una propensione innata per il colore e la tela. Guidata dall'intuito e dall'incoraggiamento di Lefson, la sua pennellata è divenuta dichiarazione, un inno alla libertà e all'espressione. Ogni opera venduta - come il suo ultimo dipinto "Wild and Free", un trionfo di tonalità marine venduto per una cifra record - non è solo un contributo all'arte animale, ma un atto di beneficenza, un ritorno alla comunità che riflette il legame tra l'arte e l'attivismo.

Con ogni tratto di pennello audace e con ogni composizione che sfida le convenzioni, Pig-casso ci ricorda che l'arte non conosce confini di specie. La sua tela è una finestra aperta su possibilità infinite, un mondo dove un maiale non è solo un maiale, ma un messaggero di speranza, un simbolo di rinascita e una prova vivente che ogni creatura ha il potere di lasciare un'impronta indelebile sulla tela della vita.

Pig-casso non è un caso isolato; i delfini, con la loro vita sociale ed emotiva complessa, hanno dimostrato di essere acquerellisti nati. E non sono solo i mammiferi a stupirci; anche i procioni del Hutchinson Zoo in Kansas esibiscono un'inclinazione per l'arte astratta. Gli elefanti, poi, con la loro proboscide agile, sono capaci di dipingere dettagli con una precisione seconda solo ai primati.

Ma cosa spinge questi animali a esprimersi artisticamente? E perché dovremmo preoccuparcene? Questo è il cuore della questione, e la risposta alla necessità degli animali di esprimersi artisticamente potrebbe risiedere nel nostro comune bisogno di comunicare, di interagire con il nostro ambiente, e sì, anche di giocare.

Il gioco, quella pratica che sembra librarsi al di sopra delle necessità primarie della vita, è un altro tratto in cui gli animali eccellono e in cui possono esprimere la ricchezza del loro comportamento naturale. Non è soltanto una parentesi di svago nel quotidiano, ma un complesso laboratorio di apprendimento e sviluppo.

Prendiamo ad esempio i cuccioli di leone: nelle loro lotte simulate non vi è solo l'ombra del futuro cacciatore, ma tutto un vocabolario di movimenti che definisce la socialità e la gerarchia all'interno del branco. È un affinamento delle abilità di caccia, certo, ma anche un modo per rafforzare i legami fraterni che saranno cruciali per la sopravvivenza del gruppo. Anche i delfini, con i loro salti acrobatici che scompigliano la superficie del mare, non si limitano soltanto a giocare: sembrano quasi celebrare l'esistenza stessa, in un rituale che sfida le leggi della gravità e che, forse, rafforza anche la coesione del gruppo. E che dire dei corvi? Essi incarnano un'intelligenza avvolgente e un'inventiva senza confini. Con la loro pratica di scivolare giù per i pendii innevati, dimostrano che il gioco può essere una scoperta, un esperimento con le leggi della fisica, un momento di pura e semplice felicità. Questi comportamenti giocosi, apparentemente privi di scopo, potrebbero nascondere funzioni cognitive complesse, forse persino un senso di humor.

Il gioco, quindi, non è semplicemente un passatempo leggero o un esercizio preparatorio per la vita adulta; è un'espressione vitale dell'esuberanza e dell'ingegno che anima il regno animale. Nel gioco, gli animali scoprono il mondo, tessono relazioni, esplorano i limiti delle loro capacità e, senza dubbio, sperimentano una forma di gioia che riecheggia profondamente nel loro essere.

Non meno affascinante è il mondo dell'immaginazione animale. Prendiamo l'esempio di Kakama, il giovane scimpanzé che trattava un tronco come se fosse un compagno di gioco, o di Kanzi il bonobo, che nascondeva oggetti invisibili per poi rimuoverli come per magia. Questi comportamenti suggeriscono che la linea tra realtà e fantasia non è così netta come potremmo pensare[1].

Ora, cari lettori, potreste pensare che questi esempi siano meramente aneddotici o spiegabili con meccanismi biologici semplici. Ma io vi invito a guardare oltre. Ma andiamo oltre. La motivazione per sviluppare queste capacità è differente da animale ad animale.

Nel mondo animale, comportamenti che possiamo associare a pratiche artistiche sono spesso profondamente radicati negli istinti evolutivi e offrono benefici tangibili agli animali che li esibiscono. Ad esempio, la spettacolare esibizione di un pavone o la struttura decorata di un nido di bowerbird sono manifestazioni che, pur essendo esteticamente piacevoli, hanno lo scopo primario di attrarre partner e quindi di garantire il successo riproduttivo. Al di là dell'accoppiamento, l'arte animale può essere un indicatore di potenza e territorialità. Il dispiegamento di colori vivaci, i suoni ritmici, e le strutture elaborate possono servire a intimidire rivali o predatori, segnalando che un certo territorio è occupato da un individuo forte e capace di difenderlo. Questi comportamenti possono anche rafforzare i legami sociali all'interno di una comunità. Gli animali che partecipano a giochi collettivi o condividono esperienze estetiche spesso sviluppano legami più stretti, che possono essere cruciali per la cooperazione all'interno del gruppo, per la caccia, la difesa dai predatori o la cura della prole. Inoltre, ciò che potrebbe essere interpretato come un'espressione artistica può in realtà essere un modo per un animale di interagire in modo più efficace con il suo ambiente. Questo può comportare la costruzione di habitat che migliorano la sopravvivenza o l'uso di strumenti in modo innovativo, che può essere interpretato come una forma di creatività. Infine, attività che potrebbero essere paragonate all'arte umana, come il gioco e la manipolazione creativa di oggetti, possono stimolare il cervello e favorire l'apprendimento, specialmente in specie animali ad alta intelligenza.

Il gioco rappresenta un aspetto cruciale nell'evoluzione comportamentale delle specie animali, trascendendo la semplice concezione di una parentesi di spensieratezza per rivelarsi come un elemento formativo e di sviluppo indispensabile. I cuccioli, ad esempio, attraverso corse, salti e lotte giocose, affinano la loro coordinazione e agilità, aspetti vitali per la caccia o la fuga da predatori e per muoversi con destrezza in ambienti complessi. Parallelamente, il gioco si rivela una palestra per l'intelligenza emotiva e le competenze sociali. Interagendo con i loro simili, i giovani animali imparano a interpretare segnali sociali sottili e a negoziare il proprio posto all'interno delle strutture sociali complesse. Inoltre, il gioco agisce come uno strumento di esplorazione, adattabilità e flessibilità comportamentale, incoraggiando gli animali a testare i limiti del loro ambiente, a gestire risorse e pericoli e a sviluppare strategie di sopravvivenza innovative. Infine, la natura spontanea e sperimentale del gioco favorisce l'innovazione e l'apprendimento. Gli animali durante il gioco spesso scoprono nuovi usi per gli oggetti o nuove soluzioni ai problemi. Quindi, il gioco si manifesta non solo come una pratica di sviluppo ma anche come una forma di intelligenza pratica.

E l'immaginazione? L'immaginazione nel regno animale, sebbene non possa essere documentata o osservata direttamente come la nostra, è una facoltà che può essere inferita attraverso comportamenti complessi che suggeriscono una forma di pensiero astratto o di pianificazione[1]. L'immaginazione potrebbe permettere agli animali di simulare diversi scenari in mente, aiutandoli a pianificare azioni future. Inoltre, l'immaginazione potrebbe giocare un ruolo nella risoluzione dei problemi. L'abilità di utilizzare strumenti e di risolvere problemi complessi richiede la capacità di proiettare sé stessi in situazioni ipotetiche e di manipolare mentalmente gli oggetti per capire come possono essere utilizzati per raggiungere un obiettivo. L'immaginazione può anche essere impiegata per il miglioramento sociale e la comunicazione. Gli animali che vivono in gruppi complessi possono beneficiare dell'immaginazione per prevedere e comprendere il comportamento degli altri membri del gruppo, facilitando la cooperazione e la coesione sociale. Questa anticipazione del comportamento altrui è fondamentale per la formazione di alleanze, la cura della prole e la navigazione nella gerarchia sociale. Per quanto riguarda il gioco, spesso osservato nei giovani animali, l'immaginazione permette di esplorare scenari in modo sicuro, sviluppando competenze che saranno utili in età adulta. Infine, l'immaginazione può aiutare gli animali a adattarsi a situazioni nuove o inaspettate. Gli animali che sono in grado di immaginare soluzioni alternative quando le condizioni ambientali cambiano o quando si incontrano nuovi problemi sono più propensi a sopravvivere e a riprodursi.

Congo, Kanzi, Pig-casso – non sono solo nomi curiosi o punti dati per gli etologi. Sono ambasciatori di un mondo che sta silenziosamente dipingendo, giocando e immaginando accanto a noi.

Relazioni

Nella vasta tela del mondo naturale, dipinta con i colori della sopravvivenza e dell'evoluzione, possiamo osservare una galleria di comportamenti che a prima vista sembrerebbero echeggiare le nostre stesse narrazioni sentimentali. Eppure, se ci si avvicina con l'occhio scrutatore del vero conoscitore, si scorge una verità diversa, tessuta nelle fibre stesse del vivere. Quando osserviamo il regno animale, è facile cadere nella trappola dell'antropomorfizzazione, attribuendo agli animali emozioni e motivazioni umane. Tuttavia, è fondamentale riconoscere che i comportamenti che noi interpretiamo come "romantici" sono in realtà comportamenti radicati nella biologia e nei meccanismi evolutivi. La fedeltà, l'affetto e la cura per la prole; tutte queste manifestazioni non sono dettate da sentimenti romantici, ma sono strategie per la sopravvivenza e la riproduzione.

Gli animali seguono istinti e comportamenti che aumentano le loro probabilità di successo evolutivo. Questo può significare formare legami per la stagione riproduttiva, collaborare nella cura dei piccoli o stabilire dinamiche sociali complesse all'interno di un gruppo. L'affetto che cani o gatti possono mostrare verso gli umani e tra di loro, per esempio, si può interpretare in termini di coevoluzione e comunicazione, non di sentimenti romantici nel senso umano del termine.

Esistono, certamente, specie con comportamenti sociali complessi che includono la formazione di legami che possono sembrare affettuosi o fedeli. Tuttavia, è importante rimarcare che questi comportamenti sono adattamenti evolutivi piuttosto che manifestazioni di amore romantico. Per ogni esempio di "fedeltà" nel regno animale, ci sono anche comportamenti che potrebbero sembrare crudeli o egoistici, come il leone che uccide i cuccioli di un rivale o il cuculo che inganna gli altri uccelli per far covare le proprie uova.

Prendiamo ad esempio gli Albatross, maestosi navigatori dei cieli, i quali, con una lealtà che sfida la vastità degli oceani, ritornano puntualmente al canto del partner di una volta, ogni stagione. Ma non inganniamoci: non è amore quello che muove le loro ali in tale balletto, bensì un'orchestrazione essenziale alla perpetuazione della specie, un rituale immemore che assicura il battito d'ali dei nascituri[1].

Similmente, i prairie vole, piccoli roditori delle praterie, tessono insieme i nidi della loro prole, in un abbraccio di cura che riecheggerebbe la nostra monogamia. Ma anche nel loro abbracciarsi vi è una spiegazione meno romantica: sono i fili invisibili dell'ormone e del gene a guidare queste tenerezze, un'inclinazione scritta nelle stelle del loro DNA, non nel cielo dei sentimenti[4].

Anche i gibboni, con le loro agile figure, percorrono la giungla in coppia, cercando cibo e allevando i piccoli in un'armonia che ricalca le nostre unità familiari. Ma anche qui secondo i ricercatori è la mano invisibile della selezione naturale a dirigere la scena, un copione scritto dall'evoluzione per la sopravvivenza della loro giovane progenie[3].

Infine, guardiamo ai pinguini, con la loro stoica dedizione nella cura dei piccoli e nella scelta del partner. Questi indomiti abitanti dei ghiacci non sono mossi da un'aspirazione romantica, ma piuttosto da un impulso biologico profondo, una necessità di sopravvivenza che li guida attraverso i più freddi confini del mondo[2].

In conclusione, l'idea che gli animali possano provare amore nel modo in cui lo comprendiamo noi esseri umani è affascinante, ma la scienza attuale ci invita a una visione più pragmatica. L'amore umano è un concetto complesso, intrecciato con culture, emozioni, ricordi e scelte personali, tutte caratteristiche influenzate dal nostro sviluppo cognitivo avanzato e dalla nostra società complessa.

Gli animali, per quanto possano dimostrare affetto e formare legami, sono guidati principalmente da istinti e necessità biologiche legate alla sopravvivenza e alla riproduzione. La loro "affezione" è spesso un comportamento evolutivo che serve a formare alleanze, a proteggere la prole o a collaborare per il successo comune. Gli ormoni, come l'ossitocina, possono rafforzare questi comportamenti, ma ciò non equivale necessariamente all'amore emotivo e consapevole che caratterizza gli esseri umani.

Di conseguenza, siamo portati a concludere che, mentre gli animali possono esibire comportamenti che interpretiamo come "amorevoli", la loro esperienza interna è probabilmente molto diversa da quella umana e più radicata in meccanismi biologici e istintuali.

È essenziale non confondere l'amore con le relazioni. L'amore, quella profonda connessione emotiva, è un concetto esplorato ampiamente nel capitolo dedicato. Gli animali, per contro, possono scegliere di formare legami, indipendentemente dall'amore come lo intendiamo noi. Questi legami possono essere guidati da necessità sociali, da vantaggi reciproci nella sopravvivenza, o semplicemente dall'abitudine. Viceversa, un animale potrebbe sperimentare un sentimento simile all'amore ma decidere di non formare una relazione, anche semplicemente perché non ne ha mai fatto esperienza prima.

Le relazioni, per essere riconosciute come le intendiamo nel senso affettivo del termine, richiedono una certa stabilità nel tempo, un elemento che non sempre è presente nel comportamento degli animali. Le loro esistenze sono spesso regolate da cicli stagionali, da esigenze legate alla riproduzione o alla ricerca di cibo, che possono sovvertire le dinamiche sociali e interrompere relazioni che sembrano essere state stabilite. Questa fluidità nelle relazioni animali non implica necessariamente un'incapacità di formare legami duraturi, ma piuttosto riflette un adattamento alle condizioni mutevoli dell'ambiente in cui vivono. Per molti animali, la stabilità a lungo termine non è una strategia evolutiva ottimale, poiché la flessibilità e la capacità di adattarsi rapidamente alle nuove circostanze possono essere più vantaggiose per la sopravvivenza.

Ma quindi siamo certi che gli animali non possano formare relazioni? Non lo siamo. Fino ad oggi, la ricerca scientifica non ha ancora fornito prove inconfutabili che gli animali possano stabilire legami complessi con una profondità emotiva paragonabile a quella umana, ma il regno animale è un universo ancora ricco di misteri e di potenziali sorprese.

In definitiva, anche se le relazioni animali possono non essere permanenti e adatte ad essere definite tali secondo i nostri standard, ciò non le rende meno significative all'interno del contesto in cui si sviluppano. La loro esistenza può essere segnata da episodi di cooperazione, affetto e perfino lutto, che suggeriscono una complessità nelle interazioni sociali degli animali che merita un'indagine approfondita.

Continuando ad osservare e studiare tali comportamenti, possiamo imparare di più non solo sugli animali stessi, ma anche sulle origini e sulla natura delle relazioni sociali nell'intero albero della vita, compreso il nostro ramo.

ESERCIZI PRATICI CON GLI ANIMALI

Suggerimenti per osservare e interpretare il
comportamento degli animali

Esercizi per riconoscere il cuore

Esercizi per riconoscere la mente

Esercizi per riconoscere l'anima

Esercizi per promuovere la comunicazione
empatica con gli animali domestici

Altri esercizi per favorire il riconoscimento delle
abilità cognitive attraverso attività ludiche

Siamo finalmente giunti alla sezione di questo libro che, almeno personalmente, reputo la più interessante. Ma prima di calarci nel vivace mondo degli esercizi per i nostri amici animali, permettetemi di fare qualche premessa. In un mondo dove ogni animale è un'opera d'arte vivente, con pennellate di personalità che dipingono il loro carattere unico, non c'è da stupirsi che anche davanti al più semplice dilemma due di questi magnifici animali potrebbero agire in maniera diversa. Difatti, mentre uno potrebbe affrontarlo con la furia di una tempesta estiva, l'altro potrebbe danzare attorno all'ostacolo con la grazia di un acrobata che inganna la gravità.

Ma attenti, non tutti gli esercizi sono adatti a solisti; alcuni richiedono una compagnia di interpreti che insieme tessono una trama più complessa. Inoltre, alcuni di questi esercizi chiedono libertà, un ambiente dove gli animali possono esprimersi in tutta la loro estensione, senza costrizioni.

In aggiunta, alcuni esercizi li ritroverete quantomeno simili in più capitoli. Questo perché uno stesso esercizio potrà servire a differenti scopi.

Infine, è importante chiarire che, sebbene alcuni esercizi possano implicare l'esposizione dell'animale a situazioni difficili, non stiamo affatto incoraggiando l'imposizione intenzionale di stress. Il nostro intento è semplicemente suggerire che, in circostanze inevitabilmente tese – come potrebbe essere un viaggio in macchina durante le vacanze – tali momenti possano offrire l'opportunità di osservare determinate caratteristiche comportamentali del nostro animale.

Proprio a causa di tutte queste differenze specifiche che rendono il vostro animale unico rispetto a tutti gli altri ho pensato di mettervi a disposizioni un piccolo spazio alla fine di ogni capitolo dove potrete annotare:

- Eventuali personalizzazioni o miglioramenti agli esercizi proposti (Sezione **"Personalizza i tuoi esercizi"**)

- Azioni specifiche da fare nel corso dell'esercizio (Sezione **"Non dimenticare"**)

- Gli obiettivi raggiunti grazie agli esercizi proposti (Sezione **"Successi"**)

Preparatevi, dunque, a un'avventura che promette di essere tanto illuminante quanto affascinante, dove ogni scoperta è un passo verso la comprensione della vita in tutte le sue sfaccettature.

Prima di cominciare con gli esercizi vi ricordo l'importanza di lasciare una recensione per fare in modo che questi contenuti raggiungano il maggior numero di persone possibile. Ancora una volta "Grazie"!

Suggerimenti per osservare e interpretare il comportamento degli animali

L'etologia è il ramo della zoologia che studia il comportamento degli animali nel loro ambiente naturale. Fondata su principi di osservazione e analisi metodica, questa disciplina si immerge nelle azioni quotidiane degli animali per decifrare il significato dietro ogni comportamento. Capire come gli etologi lavorano ci consente di adottare un approccio scientifico nell'osservare e interpretare i nostri amici non umani. Gli etologi osservano la frequenza, la durata e le condizioni delle varie attività comportamentali, creando un quadro che collega comportamento a motivazione e funzione.

Per studiare gli animali nel modo più autentico possibile, è essenziale praticare l'osservazione non invasiva. Questo significa mantenere una distanza rispettosa, evitando di disturbare o influenzare il comportamento naturale degli animali. L'osservazione non invasiva ci consente di vedere gli animali agire di loro spontanea volontà, offrendoci una finestra sul loro mondo senza alterarne l'autenticità. Riducendo al minimo la nostra presenza, possiamo osservare comportamenti veritieri che riflettono la vita reale degli animali e non una risposta al nostro intervento.

Ogni movimento, ogni postura o espressione facciale di un animale può essere un indicatore del suo stato interno. Ad esempio, la postura rilassata di un gatto con la coda leggermente incurvata può indicare contentezza, mentre un cane che scodinzola vigorosamente potrebbe esprimere eccitazione o piacere nel vedere il proprio padrone. Imparare a leggere questi segnali corporei richiede tempo e pazienza, ma è fondamentale per interpretare correttamente il comportamento animale.

Oltre ai segnali visivi, gli animali si comunicano anche attraverso una vasta gamma di suoni. Il richiamo di un uccello potrebbe servire per attrarre un compagno o per segnalare un pericolo. Il ronzio degli insetti può essere legato alla ricerca di cibo o alla difesa del territorio. Ascoltare e distinguere questi suoni può darci ulteriori indizi sul comportamento e sulle interazioni degli animali nel loro habitat.

Infine, per interpretare correttamente il comportamento animale, è cruciale considerare il contesto. Un comportamento osservato in isolamento può portare a conclusioni errate. Bisogna tener conto dell'ambiente, dell'ora del giorno, della presenza di altri animali e di qualsiasi altro fattore esterno che potrebbe influenzare l'azione dell'animale. Un cane che abbaia potrebbe sembrare aggressivo se osservato fuori contesto, ma potrebbe semplicemente reagire alla vista di un intruso nel suo giardino.

L'osservazione del comportamento animale è notevolmente migliorata grazie all'uso di strumenti adeguati. Binocoli e telescopi consentono agli osservatori di mantenere una distanza rispettosa mentre osservano dettagli fini, essenziali per la corretta interpretazione dei segnali corporei e dei comportamenti. Le videocamere, in particolare quelle con capacità di ripresa notturna o motion-activated, possono catturare comportamenti che si verificano durante le ore in cui la presenza umana potrebbe disturbare gli animali. I moderni dispositivi di tracciamento GPS e le app per smartphone possono aiutare a seguire gli spostamenti degli animali e a raccogliere dati su scale temporali prolungate. Un altro suggerimento può essere quello di tenere un diario comportamentale. Documentare le osservazioni è un passo cruciale per chi studia il comportamento animale. Mantenere registrazioni precise di data, ora, luogo, condizioni meteorologiche, comportamenti osservati e possibili stimoli ambientali può aiutare a rivelare modelli o cambiamenti nel tempo. Questa pratica non solo facilita l'analisi successiva, ma aiuta anche a sviluppare una maggiore attenzione ai dettagli e una maggiore consapevolezza dell'ambiente.

Ricordiamoci sempre che l'osservazione del comportamento animale viene accompagnata da una responsabilità etica. Gli osservatori devono sempre agire con rispetto, garantendo che il benessere degli animali venga prima di tutto. Ciò include evitare di interagire con gli animali in modi che possano causare stress o alterare i loro comportamenti naturali. Migliorare le proprie capacità di osservazione del comportamento animale è un processo che può essere affinato attraverso una serie di esercizi pratici. Questi esercizi sono progettati per incrementare la sensibilità e l'acutezza dell'osservatore nei confronti dei dettagli che spesso sfuggono a uno sguardo meno allenato.

Esercizi:

Osservazione focalizzata: Scegli un animale e osservalo per un periodo prolungato, preferibilmente 30 minuti o più. Prendi nota di ogni comportamento, anche quelli che sembrano banali o ripetitivi. Questo esercizio aiuta a riconoscere i modelli comportamentali e le sottili variazioni che possono indicare cambiamenti nell'ambiente o nello stato interno dell'animale. Inoltre, può rivelare come l'ambiente, la competizione, le alleanze e le risorse influenzino il comportamento dell'animale.

Personalizza i tuoi esercizi	Non dimenticare
Successi	

Osservazione comparativa: Osserva due specie simili e annota le differenze nel loro comportamento. Ad esempio, confronta come due specie diverse di uccelli costruiscono il nido o come differenti specie di canidi socializzano tra loro. Questo esercizio aiuta a comprendere come l'evoluzione ha modellato comportamenti specifici in relazione a nicchie ecologiche distinte.

Personalizza i tuoi esercizi	Non dimenticare
Successi	

Diario di bordo: Tieni un diario quotidiano delle osservazioni. Annota le specie osservate, le loro attività, le interazioni, le condizioni ambientali e qualsiasi altro fattore che sembra influenzare il comportamento. Col tempo, potresti essere in grado di prevedere i comportamenti o di identificare le cause di azioni specifiche.

Personalizza i tuoi esercizi	Non dimenticare
Successi	

Fotografia comportamentale: Usa la fotografia per catturare momenti chiave del comportamento animale. L'analisi di immagini fisse può aiutare a notare dettagli che altrimenti sarebbero sfuggiti durante l'osservazione in tempo reale.

Personalizza i tuoi esercizi	Non dimenticare
Successi	

Analisi video: Registra i comportamenti per poi rivederli più volte, magari a velocità ridotte. Questo può aiutare a cogliere dettagli sottili e a comprendere meglio la sequenza e la sincronizzazione dei comportamenti.

Personalizza i tuoi esercizi	Non dimenticare
Successi	

Osservazione in gruppo: Collaborare con altri osservatori può arricchire il processo di apprendimento. Ogni persona può notare aspetti diversi del comportamento animale, e la discussione collettiva può portare a una comprensione più profonda.

Personalizza i tuoi esercizi	Non dimenticare
Successi	

Letture tematiche, workshop e corsi: Integra le tue osservazioni con la lettura di articoli scientifici, libri e studi di caso sui comportamenti animali. Partecipa a workshop, corsi o webinar tenuti da esperti in etologia o biologia della conservazione.

Personalizza i tuoi esercizi	Non dimenticare
Successi	

Con la pratica regolare di questi esercizi, potrai sviluppare una maggiore consapevolezza delle sottili sfumature del comportamento animale e acquisire una comprensione più profonda delle molteplici dimensioni della vita degli animali.

Esercizi per riconoscere il cuore

Emozioni Positive

Risposta a chiamata: Quando chiami l'animale per nome, osserva attentamente la sua reazione. Se si avvicina a te con entusiasmo, con un'andatura energica e occhi brillanti, questo può essere interpretato come un segno di gioia o amore. L'entusiasmo nell'avvicinarsi a una persona familiare spesso è accompagnato da suoni, come il miagolio per i gatti o il guaito per i cani, che esprimono eccitazione.

Personalizza i tuoi esercizi	Non dimenticare
Successi	

Condivisione di spuntini: Offri all'animale il suo spuntino preferito e osserva la sua reazione. La sorpresa si manifesta attraverso un aumento dell'attenzione, l'animale potrebbe saltare in piedi o correre verso di te con eccitazione. Questo esercizio può anche rivelare il livello di piacere che l'animale associa al cibo o alle situazioni che prevedono ricompense.

Personalizza i tuoi esercizi	Non dimenticare
Successi	

Interazioni sociali: Osserva come l'animale interagisce con altri animali o persone. La ricerca di attenzione, le fusa, il leccare o altri comportamenti di cura possono essere indicatori di felicità, affetto e amore. Inoltre, l'interazione giocosa e senza conflitti con altri animali, come il rincorrersi o il rotolarsi insieme, suggerisce un senso di gioia e cameratismo.

Personalizza i tuoi esercizi	Non dimenticare
Successi	

Nuovi ambienti: Introduci l'animale in un nuovo ambiente e osserva attentamente la sua reazione. Se esplora con curiosità, senza segni di paura o agitazione, e magari con una coda alta e un atteggiamento interessato, è probabile che stia vivendo una sorpresa positiva. Questa reazione mostra anche come l'animale si approccia a situazioni sconosciute con un atteggiamento ottimistico, il che può essere un riflesso della sua sicurezza interiore e benessere generale.

Personalizza i tuoi esercizi	Non dimenticare
Successi	

Emozioni Negative

Esposizione a stimoli negativi: Valuta la risposta all'esposizione a stimoli stressanti, come rumori forti, per rilevare segni di rabbia o paura. Cerca cambiamenti nel comportamento come movimenti di fuga, vocalizzazioni acute, o atteggiamenti aggressivi. Fai attenzione alle espressioni facciali.

Personalizza i tuoi esercizi	Non dimenticare
Successi	

Reazione al confinamento: Analizza la condotta in spazi ristretti. Comportamenti come tentativi di scappare o agitazione possono segnalare paura o rabbia.

Personalizza i tuoi esercizi	Non dimenticare
Successi	

Introduzione di un nuovo animale: Osserva i cambiamenti nelle interazioni sociali. Il ritiro sociale o l'isolamento possono indicare tristezza, col tempo potresti anche riconoscere una forma d'odio. Cerca di notare modifiche nella ricerca di contatto o nelle abitudini quotidiane.

Personalizza i tuoi esercizi	Non dimenticare
Successi	

Interazione con oggetti sgraditi: Introduci oggetti non graditi e osserva le reazioni. Evidenti segni di evitamento o comportamenti distruttivi possono esprimere disgusto o avversione.

Personalizza i tuoi esercizi	Non dimenticare
Successi	

Emozioni Sociali

Role-Playing di situazioni socialmente scomode: Simula una situazione che potrebbe causare imbarazzo, come chiamare l'attenzione dell'animale in presenza di altri. Osserva i segni di disagio o i tentativi di nascondersi. La reazione potrebbe includere azioni quali evitare il contatto visivo o cercare di allontanarsi dalla fonte dell'imbarazzo.

Personalizza i tuoi esercizi	Non dimenticare
Successi	

Test della risorsa limitata: Crea un ambiente dove un animale possa osservarne un altro che riceve una risorsa desiderabile, come cibo o attenzioni, che non può raggiungere. Monitora segni di invidia, come atteggiamenti di attenzione intensa o segnali di frustrazione. Questo può essere accompagnato da un cambiamento nell'atteggiamento verso l'animale favorito. Inoltre, potrebbero verificarsi dei tentativi di ottenere la stessa risorsa.

Personalizza i tuoi esercizi	Non dimenticare
Successi	

Osservazione della risposta a favoritismi: Dimostra affetto o attenzioni a un altro animale in presenza del tuo animale e valuta la sua reazione. La gelosia può essere espressa attraverso comportamenti di interruzione del tuo operato, tentativi di inserirsi tra te e l'altro animale, o mostrando segni di ansia.

Personalizza i tuoi esercizi	Non dimenticare
Successi	

Valutazione della reazione a emozioni altrui: Mostra emozioni forti come tristezza o dolore e osserva se l'animale risponde con comportamenti consolatori o tentativi di interazione positiva, indicando empatia. Questo può includere avvicinarsi con un atteggiamento calmo, leccare, o cercare il contatto fisico.

Personalizza i tuoi esercizi	Non dimenticare
Successi	

Test dell'aiuto disinteressato: Metti l'animale in una situazione dove può offrire assistenza a un altro senza ottenere un beneficio diretto, come aprire una porta per un altro animale o condividere il cibo quando non è stimolato a farlo. L'altruismo può essere evidenziato da azioni che aiutano gli altri senza aspettarsi una ricompensa immediata.

Personalizza i tuoi esercizi	Non dimenticare
Successi	

Emozioni di Autoconsapevolezza

Test dello specchio: Posiziona uno specchio accessibile all'animale per osservare la sua reazione al proprio riflesso. Questo è un esercizio spesso utilizzato per valutare la consapevolezza di sé. Cerca segni di ritiro o evitamento dopo un comportamento negativo oppure segni di un comportamento che potrebbe intendere che l'animale stia "ammirando" sé stesso dopo un comportamento positivo.

Personalizza i tuoi esercizi	Non dimenticare
Successi	

Scenario di fallimento o successo: Crea compiti che l'animale può riuscire o fallire deliberatamente. Dopo che l'animale ha compiuto la sua azione fornisci un feedback positivo o negativo. Per la vergogna, osserva comportamenti come evitare il contatto visivo o nascondersi dopo un fallimento. Per l'orgoglio, nota se l'animale mostra segnali di eccitazione o cerca attenzioni.

Personalizza i tuoi esercizi	Non dimenticare
Successi	

Emozioni Miste

Simulazione di separazione e ritorno: Crea una situazione in cui l'animale viene temporaneamente isolato e poi riunito con il proprietario o un compagno familiare. Per l'ansia, monitora comportamenti come inquietudine, vocalizzazioni o segni di stress durante la separazione. Al ritorno, nota se l'ansia si placa rapidamente, indicando sollievo.

Personalizza i tuoi esercizi	Non dimenticare
Successi	

Reazione a comportamenti disapprovati: Dopo che l'animale ha commesso un'azione che sa essere sbagliata (ad esempio, prendere del cibo dal tavolo) e osserva la sua reazione quando viene scoperto. Prova a non sgridarlo ma a guardarlo con un'espressione di disappunto. Il senso di colpa potrebbe essere indicato da segni come abbassare la testa, evitare il contatto visivo, o un atteggiamento sottomesso.

Personalizza i tuoi esercizi	Non dimenticare
Successi	

Introduzione di novità o cambiamenti inattesi: Presenta all'animale nuovi oggetti o cambia la disposizione del suo ambiente per osservare la sua reazione all'incertezza. L'ansia può manifestarsi attraverso esitazione, evitamento o comportamenti di controllo ripetitivi. Questo esercizio può aiutare a identificare la soglia di tolleranza dell'animale verso il cambiamento e la sua capacità di adattamento.

Personalizza i tuoi esercizi	Non dimenticare
Successi	

Emozioni Neutre

Test di arricchimento ambientale: Tieni l'animale in un ambiente statico, poi introduci nuovi giocattoli o elementi. Nota l'apatia o l'inattività iniziale e poi verifica se la nuova stimolazione riduce la noia, aumentando l'interazione e l'esplorazione.

Personalizza i tuoi esercizi	Non dimenticare
Successi	

Variare la routine: Alterna giorni di routine costante con giorni di attività inaspettate. In presenza di noia, l'animale può mostrare comportamenti ripetitivi. Cerca segni di rinvigorimento quando inserisci novità.

Personalizza i tuoi esercizi	Non dimenticare
Successi	

Esercizi per riconoscere la mente

Utilizzo di strumenti e oggetti

Puzzle Box: Presenta all'animale una scatola chiusa contenente cibo, con un meccanismo di apertura semplice che richiede l'uso di un oggetto o di uno strumento. Osserva se e come l'animale usa l'oggetto per aprire la scatola e raggiungere il cibo.

Personalizza i tuoi esercizi	Non dimenticare
Successi	

Costruzione di rifugi: Crea un ambiente con diversi materiali (ad esempio, bastoni, foglie, tessuti) che possono essere usati per costruire un riparo. Lascia che l'animale interagisca con questi materiali e nota se è in grado di assemblarli in un modo da costruire un rifugio efficace o un nido.

Personalizza i tuoi esercizi	Non dimenticare
Successi	

Simulazione di problemi multi-step: Progetta un compito che richieda più azioni in sequenza per ottenere una ricompensa, come tirare una corda per rilasciare un bastone, poi usare il bastone per ottenere il cibo. Osserva se l'animale è in grado di eseguire la sequenza correttamente, dimostrando comprensione delle sequenze e intelligenza pratica.

Personalizza i tuoi esercizi	Non dimenticare
Successi	

Test di selezione dello strumento: Offri una varietà di oggetti che possono essere usati come strumenti, ma solo uno è adeguato al compito specifico, come ottenere cibo da un contenitore stretto. Valuta se l'animale è in grado di scegliere l'oggetto corretto per il compito, indicando una valutazione funzionale degli oggetti.

Personalizza i tuoi esercizi	Non dimenticare
Successi	

Conoscenze matematiche, baratto e denaro

Test di quantità discreta: Presenta all'animale due serie di oggetti (ad esempio, pezzi di cibo) in quantità diverse. Per esempio, un gruppo ha tre oggetti e l'altro ne ha sei. Osserva se l'animale è in grado di scegliere costantemente il gruppo con il numero maggiore, indicando una comprensione basilare della quantità e del valore numerico.

Personalizza i tuoi esercizi	Non dimenticare
Successi	

Esercizio di scambio: Insegna all'animale un semplice concetto di scambio, dando loro un oggetto che può essere scambiato per ottenere del cibo. Rendete più complicato il compito introducendo oggetti di "valore" diverso che possono essere scambiati per quantità differenti di cibo, valutando la capacità dell'animale di scegliere sempre l'oggetto di maggior valore.

Personalizza i tuoi esercizi	Non dimenticare
Successi	

Esercizio di ritardo della gratificazione: Offri all'animale la scelta tra un oggetto che gli farà ottenere una piccola ricompensa immediata e un altro con cui ne avrà una più grande dopo un certo lasso di tempo. Ripeti l'esercizio più volte perché memorizzi la corrispondenza tra l'oggetto e la ricompensa. Se l'animale è in grado di attendere la ricompensa più grande, questo indica una comprensione del valore nel tempo, simile al concetto umano di risparmio e investimento.

Personalizza i tuoi esercizi	Non dimenticare
Successi	

Capacità d'orientamento

Test del labirinto: Costruisci un labirinto semplice con diverse rotte che portano a una ricompensa. Osserva la capacità dell'animale di navigare nel labirinto, ricordare i percorsi e imparare da errori precedenti per trovare la via più efficiente.

Personalizza i tuoi esercizi	Non dimenticare
Successi	

Esercizio di memoria spaziale: Nascondi cibo in diversi posti all'interno dell'area dove vive l'animale mentre ti osserva. Poi, osserva se l'animale riesce a ritrovare tutto il cibo seguendo un percorso ottimale, dimostrando una comprensione della mappa mentale dello spazio.

Personalizza i tuoi esercizi	Non dimenticare
Successi	

Esercizio di orientamento con segnali visivi: Disponi diversi segnali visivi (come bandierine colorate, simboli o forme geometriche) in un'area aperta, alcuni dei quali sono associati a luoghi dove è nascosto del cibo. Osserva se l'animale è in grado di riconoscere il segnale corretto, dimostrando una comprensione dello spazio basata su punti di riferimento visivi anziché olfattivi.

Personalizza i tuoi esercizi	Non dimenticare
Successi	

Simulazione di ostacoli variabili: Crea un percorso con vari ostacoli mobili (come barriere o tunnel) e una chiara ricompensa visibile all'altro capo. Cambia l'arrangiamento degli ostacoli in sessioni successive e osserva come l'animale adatta il suo percorso basandosi sulla nuova configurazione.

Personalizza i tuoi esercizi	Non dimenticare
Successi	

Sfida del ritorno al punto di partenza: Porta l'animale in un luogo sconosciuto, seguendo un percorso tortuoso. Una volta rilasciato, osserva se e come l'animale riesce a trovare la strada di ritorno al punto di partenza, indicando capacità di orientamento e la comprensione dello spazio circostante.

Personalizza i tuoi esercizi	Non dimenticare
Successi	

Manipolazione di altri animali

Esercizio di Distrazione Competitiva: Metti due animali in una situazione in cui c'è una fonte limitata di cibo. Osserva se un animale cerca attivamente di distrarre l'altro per accaparrarsi il cibo. Questo può includere comportamenti come fare rumore, spostarsi strategicamente o attirare l'attenzione dell'altro altrove.

Personalizza i tuoi esercizi	Non dimenticare
Successi	

Esercizio di Inganno Strategico: Offri a un animale la possibilità di nascondere il cibo in uno tra diversi nascondigli, mentre un altro animale osserva. Verifica se l'animale che nasconde il cibo usa tattiche ingannevoli, come fingere di mettere cibo in un nascondiglio mentre lo colloca in un altro.

Personalizza i tuoi esercizi	Non dimenticare
Successi	

Esercizio di Richiesta di Aiuto: Presenta un compito che un animale non può risolvere da solo, ma può essere facilmente risolto con l'aiuto di un compagno (ad esempio, un contenitore che richiede due individui per essere aperto). Osserva se e come l'animale richiede aiuto, valutando la sua capacità di comunicare e influenzare le azioni dell'altro per raggiungere un obiettivo.

Personalizza i tuoi esercizi	Non dimenticare
Successi	

Esercizio di Cooperazione Selettiva: Introduce una sfida che richiede la cooperazione tra due animali per ottenere una ricompensa. Cambia i partner potenziali, alcuni dei quali sono più competenti o affidabili di altri. Valuta se e come gli animali scelgono selettivamente i partner basandosi sull'efficacia passata o su altri segnali sociali.

Personalizza i tuoi esercizi	Non dimenticare
Successi	

Esercizio di Rivalità e Alleanza: Crea una situazione in cui un animale può ottenere una ricompensa solo con l'assistenza di un altro, ma in cui può anche scegliere di competere con un terzo animale per una ricompensa diversa. Osserva se l'animale forma un'alleanza o sceglie la competizione, e in che modo gestisce le relazioni sociali risultanti.

Personalizza i tuoi esercizi	Non dimenticare
Successi	

Esercizi per riconoscere l'anima

Cooperazione e lealtà

Esercizio di Soluzione di Problemi di Gruppo: Progetta un compito che richieda la collaborazione di più animali per essere completato, come spingere insieme un pesante blocco. Osserva quali animali lavorano insieme più frequentemente.

Personalizza i tuoi esercizi	Non dimenticare
Successi	

Esercizio di Turnazione: Stabilisci un sistema in cui gli animali possano ottenere cibo da un dispenser che richiede che un animale aspetti mentre l'altro mangia. Osserva se gli animali mostrano la capacità di attendere il proprio turno e se difendono il diritto del loro partner di avere accesso al cibo rispetto ad altri individui.

Personalizza i tuoi esercizi	Non dimenticare
Successi	

Esercizio di Altruismo Ricompensato: Offri a un animale una ricompensa solo se permette a un altro di mangiare per primo o se condivide attivamente parte del cibo. Misura la frequenza e le circostanze in cui gli animali scelgono di agire a beneficio di altri.

Personalizza i tuoi esercizi	Non dimenticare
Successi	

Esercizio di Aiuto in Situazioni di Pericolo: Simula una situazione di pericolo o di disagio per un animale (assicurandoti di non causare stress eccessivo o danno reale) e osserva se altri individui intervengono per aiutare. La risposta degli altri a un compagno in difficoltà può indicare un senso di lealtà e di protezione reciproca.

Personalizza i tuoi esercizi	Non dimenticare
Successi	

Esercizio di Scelta di Partner: In un ambiente con molteplici potenziali partner per la risoluzione di compiti o per la condivisione di cibo, osserva se gli animali mostrano preferenze costanti per determinati individui, suggerendo la formazione di legami basati sulla lealtà e sulla fiducia reciproca.

Personalizza i tuoi esercizi	Non dimenticare
Successi	

Gestione della morte e sacralità

Osservazione di Comportamenti di Lutto: Documenta e analizza come gli animali reagiscono alla perdita di un compagno. Alcune specie mostrano comportamenti che possono essere interpretati come lutto, come rimanere vicino al corpo per giorni, toccarlo delicatamente, o emettere vocalizzazioni.

Personalizza i tuoi esercizi	Non dimenticare
Successi	

Analisi di Sepoltura o Copertura dei Morti: Osserva se gli animali tentano di seppellire o coprire i membri deceduti del loro gruppo. Alcune specie di uccelli e mammiferi mostrano questi comportamenti, che potrebbero indicare un riconoscimento della morte.

Personalizza i tuoi esercizi	Non dimenticare
Successi	

Studio delle Reazioni alla Morte di Specie Diverse: Osserva come gli animali reagiscono alla morte di membri di specie diverse, inclusi predatori, prede o animali neutri. Questo può fornire dati su quanto la percezione della morte sia specifica al gruppo sociale o più generalizzata.

Personalizza i tuoi esercizi	Non dimenticare
Successi	

Esame di Oggetti o Luoghi Trattati con Cura: Identifica se ci sono oggetti o luoghi che gli animali trattano con particolare attenzione o rispetto, che potrebbe essere interpretato come un segno di "sacralità". Questo potrebbe includere aree di riposo, siti di accoppiamento o luoghi dove sono avvenuti eventi significativi per l'animale.

Personalizza i tuoi esercizi	Non dimenticare
Successi	

Valutazione dei Comportamenti di Addio: Studia le interazioni tra gli animali quando un membro del gruppo è malato o morente. Osserva se ci sono segni di riconoscimento di una prossima morte e comportamenti specifici che potrebbero essere interpretati come un "addio", come un aumento delle cure o del contatto fisico.

Personalizza i tuoi esercizi	Non dimenticare
Successi	

Capacità artistiche, gioco e immaginazione

Esperimento di Pittura o Disegno: Dà all'animale l'accesso a materiali non tossici come vernici o pastelli su una tela o un foglio di carta e osserva se e come interagisce con questi materiali.

Personalizza i tuoi esercizi	Non dimenticare
Successi	

Osservazione di Comportamenti di Gioco: Fornisci una varietà di oggetti sicuri che possono essere utilizzati in modi creativi o non convenzionali, come scatole, palline, tubi o tessuti. Osserva se gli animali inventano nuovi giochi o usi per questi oggetti che non sono direttamente legati alla loro sopravvivenza o a comportamenti istintivi.

Personalizza i tuoi esercizi	Non dimenticare
Successi	

Analisi di Giochi di Ruolo o Finta: Osserva i giovani animali durante il gioco per vedere se partecipano a giochi di ruolo o finta, come fare finta di cacciare, essere inseguiti o curare altri.

Personalizza i tuoi esercizi	Non dimenticare
Successi	

Esperimento con la Musica: Riproduci una varietà di suoni musicali o ritmi e osserva le reazioni degli animali. Alcune specie potrebbero iniziare a "ballare" o muoversi a tempo. In alternativa, fornisci strumenti musicali semplici o oggetti che producono suoni quando manipolati e guarda se e come gli animali li usano per creare ritmi o melodie.

Personalizza i tuoi esercizi	Non dimenticare
Successi	

Relazioni

Esperimento di Associazione Preferenziale: Osserva gli animali in un ambiente sociale e annota con quali individui trascorrono più tempo. Offri loro la scelta di passare il tempo con diversi compagni e nota se mostrano preferenze costanti, suggerendo l'esistenza di legami forti o preferenze amicali.

Personalizza i tuoi esercizi	Non dimenticare
Successi	

Test di Supporto Sociale: Crea situazioni controllate che possano essere lievemente stressanti per l'animale (assicurandosi che non siano dannose o eccessivamente ansiose) e osserva se altri animali offrono conforto o supporto. Questo può includere avvicinarsi, toccare o emettere vocalizzazioni calmanti.

Personalizza i tuoi esercizi	Non dimenticare
Successi	

Esperimento di Condivisione del Cibo: Offri a un animale una quantità limitata di cibo e osserva se e come decide di condividerlo con altri. La condivisione del cibo è spesso un indicatore di relazioni sociali e può variare in base al legame tra gli individui.

Personalizza i tuoi esercizi	Non dimenticare
Successi	

Osservazione del Comportamento in Situazioni di Separazione e Riunione: Separare gli animali che sembrano avere un forte legame e poi permettere loro di riunirsi. Osserva le loro reazioni sia alla separazione sia alla riunione, come la ricerca attiva dell'altro, l'eccitazione al momento della riunione o comportamenti di conforto, che possono indicare la forza della loro relazione.

Personalizza i tuoi esercizi	Non dimenticare
Successi	

Esercizi per promuovere la comunicazione empatica con gli animali domestici

Addestramento di base: Dedica del tempo ogni giorno per insegnare nuovi comandi o trucchi al tuo animale domestico. Utilizza rinforzi positivi come premi o coccole per rafforzare il comportamento desiderato.

Personalizza i tuoi esercizi	Non dimenticare
Successi	

Esplorazione all'aperto: Porta il tuo animale a fare una passeggiata in luoghi nuovi e stimolanti per lui. Crea un'area sicura per il tuo animale in giardino in modo che possa esplorare l'ambiente esterno.

Personalizza i tuoi esercizi	Non dimenticare
Successi	

Attività condivise: Partecipa ad attività che entrambi apprezzate, come il jogging, il nuoto o il gioco in giardino. Questo rafforzerà il senso di connessione mentre fate qualcosa di divertente insieme.

Personalizza i tuoi esercizi	Non dimenticare
Successi	

Empatia nel training: Se stai addestrando il tuo animale domestico, usa metodi basati sull'empatia e sul rinforzo positivo. Riconosci e premia comportamenti desiderati anziché punire quelli indesiderati.

Personalizza i tuoi esercizi	Non dimenticare
Successi	

Coccole e carezze: Dedica del tempo quotidiano per coccolare il tuo animale domestico. Scopri quali sono le zone preferite del tuo animale per essere accarezzato.

Personalizza i tuoi esercizi	Non dimenticare
Successi	

Sessioni di relax insieme: Dedica del tempo tranquillo per sederti o sdraiarti con il tuo animale domestico. Questo può aiutare a rafforzare il legame attraverso la calma e la presenza reciproca.

Personalizza i tuoi esercizi	Non dimenticare
Successi	

Condivisione dello spazio: Condividi il tuo spazio con il tuo animale domestico in modo che possa sentirsi vicino a te. Posizionati in modo rilassato e invita il tuo animale a unirsi a te.

Personalizza i tuoi esercizi	Non dimenticare
Successi	

Routine quotidiana: Stabilisci una routine quotidiana prevedibile per il tuo animale domestico, che include momenti di gioco, pasti e momenti di relax. La coerenza può aiutare a creare un senso di sicurezza e fiducia.

Personalizza i tuoi esercizi	Non dimenticare
Successi	

Conversazione tranquilla: Parla con il tuo animale domestico in toni calmi e rassicuranti. La tua voce può diventare un segnale di comfort e sicurezza.

Personalizza i tuoi esercizi	Non dimenticare
Successi	

Comunicazione non verbale: Osserva attentamente il linguaggio del corpo del tuo animale domestico per capire i suoi sentimenti. Rispondi ai segnali del tuo animale domestico con pazienza e affetto.

Personalizza i tuoi esercizi	Non dimenticare
Successi	

Linguaggio del corpo umano: Fai attenzione al tuo linguaggio del corpo. Mantieni una postura rilassata e amichevole per evitare di trasmettere ansia al tuo animale.

Personalizza i tuoi esercizi	Non dimenticare
Successi	

Apprendimento reciproco: Impara di più sulle preferenze, paure e abitudini del tuo animale domestico per costruire una connessione più profonda. Adatta il tuo comportamento in base alle esigenze del tuo animale.

Personalizza i tuoi esercizi	Non dimenticare
Successi	

Risposta alle emozioni: Rispondi positivamente alle emozioni del tuo animale domestico, sia gioia che paura. Ad esempio, se il tuo animale sembra felice, ricompensalo con carezze e giocattoli. Se sembra ansioso, offrigli conforto e sicurezza.

Personalizza i tuoi esercizi	Non dimenticare
Successi	

Rispetto dei segnali di stress: Impara a riconoscere i segnali di stress nel tuo animale domestico e rispondi adeguatamente. Offri spazi sicuri e situazioni meno stressanti quando necessario.

Personalizza i tuoi esercizi	Non dimenticare
Successi	

Altri esercizi per favorire il riconoscimento delle abilità cognitive attraverso attività ludiche

Gioco delle tre tazze: Nascondi un oggetto sotto una delle tre tazze e fai in modo che il tuo animale domestico lo trovi seguendo il movimento delle tazze.

Personalizza i tuoi esercizi	Non dimenticare
Successi	

Segui l'odore: Nascondi piccole quantità di cibo in luoghi diversi e lascia che il tuo animale domestico lo trovi seguendo l'odore.

Personalizza i tuoi esercizi	Non dimenticare
Successi	

Memoria degli oggetti: Presenta al tuo animale domestico una serie di oggetti e permettigli di esplorarli. Poi, nascondi uno degli oggetti e vedi se riesce a trovarlo.

Personalizza i tuoi esercizi	Non dimenticare
Successi	

Percorsi di agilità: Crea percorsi di agilità con ostacoli che richiedono una pianificazione mentale e un coordinamento fisico.

Personalizza i tuoi esercizi	Non dimenticare
Successi	

Caccia al tesoro: Nascondi giocattoli o premi in luoghi diversi e lascia che il tuo animale domestico li trovi seguendo indizi o istruzioni.

Personalizza i tuoi esercizi	Non dimenticare
Successi	

Comandi a distanza: Insegna al tuo animale domestico comandi che richiedono di eseguire azioni a distanza, come "vai" o "prendi".

Personalizza i tuoi esercizi	Non dimenticare
Successi	

Formazione di sequenze: Insegna al tuo animale domestico sequenze di comandi o azioni che devono essere eseguite in ordine specifico.

Personalizza i tuoi esercizi	Non dimenticare
Successi	

Oggetti in movimento: Muovi oggetti in modo casuale e osserva se il tuo animale domestico segue il movimento con gli occhi o la testa.

Personalizza i tuoi esercizi	Non dimenticare
Successi	

Simulazione di comportamenti: Prova a simulare certi comportamenti animali e osserva le reazioni. Ad esempio, imita il richiamo di un uccello e nota se e come rispondono gli altri uccelli. Questo deve essere fatto con cautela e rispetto per non stressare gli animali.

Personalizza i tuoi esercizi	Non dimenticare
Successi	

CONCLUSIONI

**Riassunto dei temi trattati nelle sezioni
Cuore, Mente e Anima**

**Invito alla riflessione sulla connessione
tra gli animali e gli esseri umani**

Riassunto dei temi trattati nelle sezioni Cuore, Mente e Anima

Nell'arduo e affascinante percorso di quest'opera, abbiamo sollevato il velo che tradizionalmente separa l'umanità dal regno animale, esplorando la complessa tessitura delle emozioni nei nostri compagni terrestri. Senza dubbio, questo viaggio ci ha condotto attraverso un panorama di scoperte e ipotesi, una danza tra i fili sottili dell'empatia e della scienza. Ora, mentre ci avviciniamo al termine di questo viaggio letterario, non è mia intenzione ripetere i passi già calcati, ma piuttosto riflettere su ciò che abbiamo scoperto insieme.

Abbiamo iniziato il nostro viaggio con la curiosità di un bambino, chiedendoci se gli animali possano realmente provare emozioni come noi. Le pagine precedenti sono state testimonianza di una narrazione che ha cercato di rispondere a questo dilemma, tessendo insieme aneddoti e analisi, studi comportamentali e neuroscientifici. Abbiamo osservato il legame tra madre e cucciolo negli elefanti, il gioco sociale dei delfini e la complessa comunicazione dei corvi, scoprendo che, sebbene i loro cervelli siano diversi, non sono prive di una loro forma di "sentire". Il nostro esame ci ha portato a riconoscere la sofisticatezza dei loro mondi emotivi, da rituali che potremmo definire "lutto" negli elefanti alla gioia pura e semplice dei cani che si rotolano nell'erba. Abbiamo visto che il dolore e la paura sono sentimenti evidenti nell'istinto di sopravvivenza di molte specie, ma anche che il piacere e l'affetto non sono estranei alla loro esistenza.

Ma, non ci siamo fermati alle semplici osservazioni. Abbiamo anche indagato come queste conoscenze possano e debbano influenzare il nostro comportamento verso gli animali. Abbiamo discusso etica e benessere, e abbiamo preso in esame la responsabilità che deriva dalla nostra nuova comprensione. Abbiamo messo in luce la necessità di politiche più illuminate e di pratiche più umane, sia nel contesto della conservazione che nell'ambito dell'allevamento e della custodia degli animali domestici. In queste pagine, abbiamo altresì esplorato il terreno comune tra emozioni umane e animali, considerando che forse le radici dell'amore, della gioia, del dolore e della paura sono più profonde e ramificate di quanto potessimo immaginare. Abbiamo appreso che, attraverso lo studio delle emozioni animali, possiamo anche arrivare a una migliore comprensione di noi stessi.

Nonostante gli argomenti trattati possano aver smosso il terreno sotto i piedi di alcune nostre convinzioni, spero di aver mantenuto un tono che sia stato allo stesso tempo professionale e coinvolgente. E ora, mentre ci accingiamo a chiudere questo libro, ti sfido, lettore, a portare con te le domande e le riflessioni nate da questi capitoli. Come possiamo, dovremmo o cambierà il nostro rapporto con le creature con cui condividiamo il nostro mondo?

Concludendo, questo libro non è semplicemente un riassunto di fatti e teorie; è un invito a guardare gli animali con occhi nuovi, a riconoscere la ricchezza delle loro vite emotive e a riconsiderare il nostro posto nell'ordine naturale. Possa questa conclusione non essere un addio, ma un ponte verso una maggiore consapevolezza e un impegno rinnovato per un mondo più compassionevole.

Se le pagine che avete appena sfogliato vi hanno coinvolto, se le parole vi hanno toccato o le informazioni vi hanno arricchito, vi chiedo un piccolo favore: dedicate qualche istante per condividere una recensione. Il vostro feedback non è soltanto prezioso, è vitale, poiché ogni singola opinione conta e contribuisce a dare visibilità al libro e alle idee che esso veicola.

Immaginate la vostra recensione come un seme piantato nel terreno fertile dell'internet: con il tempo, può crescere e diventare un albero rigoglioso, sotto il cui ombra altri potranno rifugiarsi, trovare ispirazione e conoscenza. Un semplice gesto come la scrittura di una recensione può dunque avere effetti a lungo termine, potenzialmente cambiando il corso della vita di chi scrive e di chi legge.

Invito alla riflessione sulla connessione tra gli animali e gli esseri umani

Un'ultima cosa.

Consideriamo per un momento la tela infinita della vita sulla Terra, un mosaico complesso di esseri che condividono lo stesso respiro di un pianeta vivente. Al centro di questa trama, vi è una connessione profonda, spesso inesplorata, tra noi esseri umani e il regno animale. Questa connessione va oltre la semplice coesistenza; è un filo che lega le nostre esistenze in modi che solo ora stiamo iniziando a comprendere appieno.

Da millenni, abbiamo guardato agli animali come a creature separate, differenti, inferiori. Eppure, la scienza moderna ci svela una verità più complessa e intrecciata: gli animali, come noi, navigano la vita attraverso esperienze che evocano una gamma di emozioni e comportamenti sorprendentemente familiari. La gioia del gioco nei cuccioli di cane, il dolore di una madre elefante per la perdita del suo piccolo, la complessità delle strutture sociali dei cetacei — tutti questi fenomeni rispecchiano, in qualche modo, le sfumature dell'esperienza umana.

Accettare che gli animali possiedano capacità emotive ci invita a riflettere sul nostro ruolo nel mondo naturale. Non siamo più osservatori distaccati, ma partecipanti attivi in una comunità di vita che richiede rispetto, cura e, soprattutto, comprensione. La nostra interdipendenza con gli animali ci chiama a una maggiore responsabilità: ogni decisione che prendiamo, dalla dieta che scegliamo al modo in cui gestiamo l'ambiente, ha ripercussioni che si estendono ben oltre la nostra specie.

Invito dunque il lettore a contemplare questa connessione intrinseca. Non è solo un'esortazione morale; è un appello alla nostra umanità. Nel riconoscere l'unità della vita, possiamo sperare di vivere con una compassione più profonda, una saggezza più ampia e una gentilezza che abbraccia tutti gli esseri con cui condividiamo questo straordinario pianeta.

INFORMAZIONI SULL'AUTORE

Priya Rosemary Tosetti, autrice di questo libro, nata nel cuore pulsante di Milano da genitori americani, ha fin da piccola respirato un'atmosfera internazionale che ha influenzato profondamente il suo modo di vedere il mondo. Cresciuta tra le contraddizioni di una città industriale e il richiamo della natura, ha sviluppato un'innata passione per l'ambiente che l'ha guidata nelle sue scelte di vita e di studio.

Determinata a coniugare la sua vocazione ambientalista con una solida preparazione accademica, ha intrapreso il cammino degli studi in Agraria in Italia, un paese noto per la sua ricca biodiversità e la profonda tradizione agricola. La sua dedizione e il suo impegno hanno portato i suoi frutti quando si è laureata con il massimo dei voti, un riconoscimento che ha suggellato il suo impegno e la sua competenza nel campo.

Oggi, l'autrice mette a frutto la sua formazione lavorando come consulente per numerose aziende agricole. La sua esperienza è richiesta da coloro che cercano di navigare le sfide dell'agricoltura moderna, con particolare attenzione alla sostenibilità e al rispetto dell'ambiente. Il suo approccio olistico, che integra la salute delle piante, il benessere degli animali e l'equilibrio degli ecosistemi, la rende un punto di riferimento nel settore.

La stesura di questo libro è il naturale prolungamento della sua missione: divulgare le sue ampie conoscenze in modo che possano essere di ispirazione e di guida per un pubblico più vasto. Unendo la sua profonda passione per le piante e gli animali alla sua volontà di condividere il frutto delle sue esperienze e ricerche, l'autrice ci offre un'opera che è al contempo informativa e appassionata, un invito a guardare il mondo naturale con occhi nuovi e a vivere in armonia con esso.

BIBLIOGRAFIA

Capitolo: Espressione dei sentimenti degli animali

[1] N. M. Castillo-Huitrón, E. J. Naranjo, D. Santos-Fita, and E. Estrada-Lugo, "The Importance of Human Emotions for Wildlife Conservation," Frontiers in Psychology, vol. 11, p. 844, 2020.
[2] F. B. M. De Waal, "Evidence Implies That Animals Feel Empathy," Scientific American, vol. 312, no. 2, pp. 62-67, 2015.
[3] E. Gillam, "An Introduction to Animal Communication," Nature Education Knowledge, vol. 3, no. 10, p. 5, 2011.
[4] E. Ratschen et al., "Human-animal relationships and interactions during the Covid-19 lockdown phase in the UK: Investigating links with mental health and loneliness," PLOS ONE, vol. 15, no. 9, p. e0239397, 2020.
[5] H. Koyasu, T. Kikusui, S. Takagi, and M. Nagasawa, "The Gaze Communications Between Dogs/Cats and Humans: Recent Research Review and Future Directions," Frontiers in Psychology, vol. 11, p. 561618, 2020.

Capitolo: Emozioni Positive: Tessiture di Felicità, Amore, Gioia e l'incanto della Sorpresa

[1] M. Bekoff, "Animal Emotions: Exploring Passionate Natures: Current interdisciplinary research provides compelling evidence that many animals experience such emotions as joy, fear, love, despair, and grief—we are not alone," BioScience, vol. 50, no. 10, pp. 861-870, 2000.
[2] P. D. Boersma and G. A. Rebstock, "Foraging distance affects reproductive success in Magellanic penguins," Marine Ecology Progress Series, vol. 375, pp. 263-275, 2009.
[3] C. Buckley, "Tarra & Bella: The elephant and dog who became best friends," Penguin, 2009.
[4] N. J. Emery and N. S. Clayton, "The mentality of crows: convergent evolution of intelligence in corvids and apes," Science, vol. 306, no. 5703, pp. 1903-1907, 2004.
[5] G. O'Corry-Crowe et al., "Group structure and kinship in beluga whale societies," Scientific Reports, vol. 10, no. 1, p. 11462, 2020.
[6] E. L. MacLean et al., "The new era of canine science: reshaping our relationships with dogs," Frontiers in Veterinary Science, vol. 8, p. 762, 2021.
[7] F. Martin et al., "Depression, anxiety, and happiness in dog owners and potential dog owners during the COVID-19 pandemic in the United States," 2021.
[8] D. Reiss, "The dolphin in the mirror: Exploring dolphin minds and saving dolphin lives," Houghton Mifflin Harcourt, 2011.

Capitolo: Emozioni Negative: Un arcano mosaico di Rabbia, Tristezza, Paura, Disgusto e Odio

[1] A. Boissy, "Fear and fearfulness in animals," The Quarterly Review of Biology, vol. 70, no. 2, pp. 165-191, 1995.
[2] J. B. Calhoun, "Death squared: the explosive growth and demise of a mouse population," 1973.

[3] V. Curtis, M. de Barra, and R. Aunger, "Disgust as an adaptive system for disease avoidance behaviour," Philosophical Transactions of the Royal Society B: Biological Sciences, vol. 366, no. 1563, pp. 389-401, 2011.
[4] I. Douglas-Hamilton, S. Bhalla, G. Wittemyer, and F. Vollrath, "Behavioural reactions of elephants towards a dying and deceased matriarch," Applied Animal Behaviour Science, vol. 100, no. 1-2, pp. 87-102, 2006.
[5] M. Mendl, V. Neville, and E. S. Paul, "Bridging the gap: Human emotions and animal emotions," Affective Science, vol. 3, no. 4, pp. 703-712, 2022.
[6] D. S. Tuber, M. B. Hennessy, S. Sanders, and J. A. Miller, "Behavioral and glucocorticoid responses of adult domestic dogs (Canis familiaris) to companionship and social separation," Journal of Comparative Psychology, vol. 110, no. 1, p. 103, 1996.

Capitolo: Emozioni Sociali: Il teatro umano di Imbarazzo, Invidia, Gelosia, Empatia e Altruismo

[1] M. Bekoff, "Animal emotions: Exploring passionate natures: Current interdisciplinary research provides compelling evidence that many animals experience such emotions as joy, fear, love, despair, and grief—we are not alone," BioScience, vol. 50, no. 10, pp. 861-870, 2000.
[2] M. Bekoff and J. Pierce, "Wild Justice: The Moral Lives of Animals," University of Chicago Press, 2009.
[3] J. Goodall, "The Chimpanzees of Gombe: Patterns of Behavior," Harvard University Press, 1986.
[4] M. L. Hoffman, "Empathy, justice, and social change," in Empathy and Morality, pp. 71-96, 2014.
[5] J. Panksepp, "The evolutionary sources of jealousy: Cross-species approaches to fundamental issues," in Handbook of Jealousy: Theory, Research, and Multidisciplinary Approaches, pp. 101-120, 2010.
[6] F. Range, L. Horn, Z. Viranyi, and L. Huber, "The absence of reward induces inequity aversion in dogs," 2009.

Capitolo: Emozioni di Autoconsapevolezza: Le dinamiche della Vergogna e dell'Orgoglio

[1] L. Gershon, "Does My Dog Really Feel Shame?" JSTOR Daily, 2019.
[2] K. Krueger, B. Flauger, K. Farmer, and K. Maros, "Horses (Equus caballus) use human local enhancement cues and adjust to human attention," 2018.
[3] M. A. Lynch, "Gentoo Penguin Behavioral Ecology: Vocalizations, Aggression, and Stress within the Colony" (Doctoral dissertation, Stony Brook University), 2019.
[4] J. Marzluff and T. Angell, "In the company of crows and ravens," Yale University Press, 2005.
[5] S. E. Newmyer, "Elephants and Ethics: Toward a Morality of Coexistence," 2012.
[6] R. D. Paulos, M. Trone, and S. A. Kuczaj II, "Play in wild and captive cetaceans," 2010.

Capitolo: Emozioni Miste: Un ballo tra Ansia e Senso di Colpa nel regno animale

[1] A. Asres and N. Amha, "Effect of stress on animal health: a review," Journal of Biology, Agriculture and Healthcare, vol. 4, no. 27, pp. 116-121, 2014.

[2] J. Hecht, Á. Miklósi, and M. Gácsi, "Behavioral assessment and owner perceptions of behaviors associated with guilt in dogs," Applied Animal Behaviour Science, vol. 139, pp. 134-142, 2012.
[3] L. B. Martin, E. Andreassi, W. Watson, and C. Coon, "Stress and Animal Health: Physiological Mechanisms and Ecological Consequences," Nature Education Knowledge, vol. 3, no. 6, p. 111, 2011.
[4] A. Norrie, "Animals Who Think and Love: Law, Identification, and the Moral Psychology of Guilt," Criminal Law and Philosophy, vol. 13, pp. 515-544, 2019.
[5] B. L. Sherman, "Separation anxiety in dogs," Compendium on Continuing Education for the Practising Veterinarian-North American Edition, vol. 30, no. 1, p. 27, 2008.

Capitolo: Emozioni Neutre: La stasi della Noia

[1] Associated Press, "Bird Brain Dies After Years of Research," USA Today, September 11, 2007. Retrieved from https://usatoday30.usatoday.com/news/offbeat/2007-09-11-bird-brain_N.htm, October 31, 2007.
[2] R. Clubb and G. Mason, "Natural behavioural biology as a risk factor in carnivore welfare: How analysing species differences could help zoos improve enclosures," Applied Animal Behaviour Science, vol. 102, no. 3-4, pp. 303-328, 2007.
[3] N. D. Müller, "Animal Boredom," in Encyclopedia of Food and Agricultural Ethics, P.B. Thompson and D.M. Kaplan (eds.), Springer, Dordrecht, 2019.

Capitolo: Utilizzo di strumenti e oggetti: L'arte dell'intelligenza pratica

[1] A. M. P. v. Bayern, S. Danel, A. M. I. Auersperg, B. Mioduszewska, and A. Kacelnik, "Compound tool construction by New Caledonian crows," Sci. Rep., vol. 8, no. 1, Art. no. 15676, 2018.
[2] V. B. Deecke, "Tool-use in the brown bear (Ursus arctos)," Anim. Cogn., vol. 15, no. 4, pp. 725–730, 2012, doi: 10.1007/s10071-012-0475-0.
[3] M. Haslam, J. Fujii, S. Espinosa, K. Mayer, K. Ralls, M. T. Tinker, and N. Uomini, "Wild sea otter mussel pounding leaves archaeological traces," Sci. Rep., vol. 9, no. 1, Art. no. 4417, 2019.
[4] M. A. Huffman and D. Quiatt, "Stone handling by Japanese macaques (Macaca fuscata): implications for tool use of stone," Primates, vol. 27, pp. 413-423, 1986.
[5] M. Krützen, J. Mann, M. R. Heithaus, R. C. Connor, L. Bejder, and W. B. Sherwin, "Cultural transmission of tool use in bottlenose dolphins," Proc. Natl. Acad. Sci. U.S.A., vol. 102, no. 25, pp. 8939-8943, 2005.
[6] J. Shoshani, "Elephant," Encyclopedia Britannica, 2023. [Online].

Capitolo: Conoscenze matematiche, baratto e denaro: Nozioni di "Valore" nel tessuto sociale animale

[1] S. F. Brosnan, M. F. Grady, S. P. Lambeth, S. J. Schapiro, and M. J. Beran, "Chimpanzee autarky," PLoS One, vol. 3, no. 1, Art. no. e1518, 2008.
[2] M. Bortot, C. Agrillo, A. Avarguès-Weber, A. Bisazza, M. E. Miletto Petrazzini, and M. Giurfa, "Honeybees use absolute rather than relative numerosity in number discrimination," Biol. Lett., vol. 15, no. 6, Art. no. 20190138, 2019.

[3] J. I. D. Campbell, Ed., Handbook of Mathematical Cognition, Psychology Press, 2005.

[4] C. W. Hyatt and W. D. Hopkins, "Interspecies object exchange: Bartering in apes?," Behav. Process., vol. 42, nos. 2-3, pp. 177-187, 1998.

[5] G. R. Hunt, "Manufacture and use of hook-tools by New Caledonian crows," Nature, vol. 379, pp. 249–251, 1996.

[6] C. M. Johnson, "Exploring social markets, partner debt, and mimetic currency in dolphins," Anim. Behav. Cogn., vol. 3, no. 4, pp. 224-242, 2016.

[7] A. Muramatsu and T. Matsuzawa, "Sequence Order in the Range 1 to 19 by Chimpanzees on a Touchscreen Task: Processing Two-Digit Arabic Numerals," Animals, vol. 13, no. 5, Art. no. 774, 2023.

[8] E. M. Patterson, "Ecological and life history factors influence habitat and tool use in wild bottlenose dolphins (Tursiops sp.)," Georgetown University, 2012.

[9] M. Rilling, "Invisible counting animals: A history of contributions from comparative psychology, ethology, and learning theory," in The Development of Numerical Competence, pp. 3-37, Psychology Press, 2014.

Capitolo: Capacità d'orientamento: Navigare il tessuto dello spazio circostante

[1] K. P. Able, "Mechanisms of orientation, navigation, and homing," in Animal Migration, Orientation, and Navigation, pp. 283-373, 1980.

[2] K. P. Able, "Common themes and variations in animal orientation systems," American Zoologist, vol. 31, no. 1, pp. 157-167, 1991.

[3] K. P. Able, "Orientation and navigation: a perspective on fifty years of research," The Condor, vol. 97, no. 2, pp. 592-604, 1995.

[4] S. Åkesson, J. Boström, M. Liedvogel, and R. Muheim, "Animal navigation," in Animal Movement Across Scales, vol. 21, pp. 151-178, 2014.

[5] C. Jozet-Alves, A.-S. Darmaillacq, and J. G. Boal, Navigation in Cephalopods. Cambridge, UK: Cambridge University Press, 2014.

[6] Maya et al., "Spatial cognition in bats and rats: from sensory acquisition to multiscale maps and navigation," Nature Reviews Neuroscience, vol. 16, no. 2, pp. 94-108, 2015.

[7] L. J. West, E. J. Järvinen, P. Y. Korkala, and K. V. J. von Fieandt, "Space perception," Encyclopedia Britannica, 2017.

[8] W. Wiltschko and R. Wiltschko, "The navigation system of birds and its development," in Animal Cognition in Nature, pp. 155-199, Academic Press, 1998.

Capitolo: Manipolazione di altri animali: Esplorazione delle dinamiche sociali

[1] W. Koenig and J. Dickinson, "Animal social behaviour," Encyclopedia Britannica, 2018.

[2] D. Shier, "Manipulating animal behavior to ensure reintroduction success," in O. Berger-Tal and D. Saltz, Eds., Conservation Behavior: Applying Behavioral Ecology to Wildlife Conservation and Management (Conservation Biology), pp. 275-304, Cambridge: Cambridge University Press, 2016.

[3] R. Winfree, "Cuckoos, cowbirds and the persistence of brood parasitism," Trends in Ecology & Evolution, vol. 14, no. 9, pp. 338-343, 1999.

[4] J. Offenberg, "Balancing between mutualism and exploitation: the symbiotic interaction between Lasius ants and aphids," Behavioral Ecology and Sociobiology, vol. 49, pp. 304-310, 2001.

Capitolo: Cooperazione e lealtà

[1] T. Clutton-Brock, "Cooperation between non-kin in animal societies," Nature, vol. 462, no. 7269, pp. 51-57, 2009.
[2] G. Cordoni and E. Palagi, "Reconciliation in wolves (Canis lupus): new evidence for a comparative perspective," Ethology, vol. 114, no. 3, pp. 298-308, 2008.
[3] C. M. S. Mary, "Sex allocation in a simultaneous hermaphrodite, the blue-banded goby (Lythrypnus dalli): the effects of body size and behavioral gender and the consequences for reproduction," Behavioral Ecology, 1994.
[4] G. Pedrazzi, G. Giacomini, and D. S. Pace, "First report of epimeletic and acoustic behavior in Mediterranean common bottlenose dolphins (Tursiops truncatus) carrying dead calves," Biology, vol. 11, no. 2, Art. no. 337, 2022.

Capitolo: Gestione della morte e sacralità

[1] J. R. Anderson, "A primatological perspective on death," American Journal of Primatology, vol. 73, no. 5, pp. 410-414, 2011.
[2] M. Bekoff, Ed., Encyclopedia of Animal Behavior, Vols. 1-3, Westport: Garland, 2004.
[3] I. Douglas-Hamilton, S. Bhalla, G. Wittemyer, and F. Vollrath, "Behavioural reactions of elephants towards a dying and deceased matriarch," Applied Animal Behaviour Science, vol. 100, no. 1-2, pp. 87-102, 2006.
[4] B. J. King, How Animals Grieve, University of Chicago Press, 2013.

Capitolo: Capacità artistiche, gioco e immaginazione

[1] R. W. Mitchell, "Can animals imagine?," in The Routledge Handbook of Philosophy of Imagination, pp. 326-338, Routledge, 2016.

Capitolo: Relazioni

[1] T. Arentze and H. Timmermans, "ALBATROSS: A learning based transportation oriented simulation system," Eindhoven: EIRASS, pp. 6-70, 2000.
[2] P. D. Boersma and G. A. Rebstock, "Foraging distance affects reproductive success in Magellanic penguins," Marine Ecology Progress Series, vol. 375, pp. 263-275, 2009.
[3] W. Y. Brockelman, "Ecology and the social system of gibbons," in The Gibbons: New Perspectives on Small Ape Socioecology and Population Biology, pp. 211-239, 2009.
[4] C. S. Carter and L. L. Getz, "Monogamy and the prairie vole," Scientific American, vol. 268, no. 6, pp. 100-106, 1993.